U0157489

无人飞行器梯度风滑翔建模与控制

朱炳杰　侯中喜　高显忠　单上求　著

国防工业出版社
·北京·

内 容 简 介

梯度风滑翔是一种可实现无人飞行器长航时和远距离飞行的特殊飞行方式。本书通过飞行器动力学建模、梯度风动态滑翔能量获取机理分析、航迹优化方法、梯度风能利用策略分析、梯度风动态滑翔系统的平衡稳定性分析等研究,为无人飞行器利用梯度风能实现其长航时和远距离飞行提供了基本的设计思路和分析方法,同时为实现以任务规划为前提的风梯度动态滑翔航迹优化提供了技术支撑。

本书适合飞行器设计专业的高年级本科生和研究生使用,也可供从事飞行器设计工作的研究人员和工程技术人员参考。

图书在版编目(CIP)数据

无人飞行器梯度风滑翔建模与控制 / 朱炳杰等著

. —北京:国防工业出版社, 2020.7

ISBN 978-7-118-12113-1

Ⅰ. ①无… Ⅱ. ①朱… Ⅲ. ①无人驾驶飞行器—滑翔

—研究 Ⅳ. ①V47

中国版本图书馆 CIP 数据核字(2020)第 100138 号

※

国防工业出版社出版发行

(北京市海淀区紫竹院南路 23 号 邮政编码 100048)

天津嘉恒印务有限公司印刷

新华书店经售

*

开本 710×1000 1/16 插页 2 印张 11 字数 195 千字

2020 年 7 月第 1 版第 1 次印刷 印数 1—1500 册 定价 78.00 元

(本书如有印装错误,我社负责调换)

国防书店:(010)88540777 发行邮购:(010)88540776

发行传真:(010)88540755 发行业务:(010)88540717

前　　言

　　长航时和远距离飞行是无人飞行器性能拓展的前沿方向之一。本书研究了如何利用蕴含在大气环境中的能量进行绿色飞行的新模式,这种飞行模式通过形成周期性的动态滑翔轨迹,依靠穿越特殊的风场——物理量呈梯度变化的区域中获取能量,用较少或基本不用自身携带的能源进行飞行。在自然界中存在有先进的"榜样"——信天翁,这种海鸟利用海面梯度风场以动态滑翔的方式实现其环球飞行。梯度风动态滑翔以其无污染、零排放的独特优势,是未来无人飞行器研究的重要方向之一。

　　早在 1883 年,英国科学家 Lord Rayleigh 在 *NATURE* 杂志上发表了关于信天翁利用海面上空风场飞行的论文。在文中,Rayleigh 描述了信天翁在不扇动翅膀的情况下,可以在海面上空变化的风场中进行远距离飞行。同时,他提出信天翁能够在海面进行远距离飞行必须满足两个条件:一是飞行过程不是水平的,或者说不能准确地保持某一水平高度;二是风场不是均匀的。Rayleigh 认为信天翁之所以能够利用不均匀风滑翔是因为信天翁相对于空气的速度的改变。

　　梯度风动态滑翔作为可实现无人飞行器长航时和远距离飞行的一种重要辅助策略,其合理的利用涉及诸多问题的研究和破解,包括梯度风场参数感知、梯度风能的转换机理、航迹规划、多目标优化设计、能量优化控制等方面。其中,如何实现动态滑翔过程中不断获取蕴含在风场中的能量是核心问题之一。

　　本书作者从 2012 年开始从事无人飞行器梯度风动态滑翔相关的研究工作。在研究过程中,深入分析了无人飞行器梯度风动态滑翔这一特殊飞行模式,通过飞行器动力学建模、梯度风动态滑翔能量获取机理分析、航迹优化方法、梯度风能利用策略分析、梯度风动态滑翔系统的平衡稳定性分析、梯度风动态滑翔的最优控制等,为无人飞行器利用梯度风能实现其长航时和远距离飞行提供了基本的设计思路和分析方法,同时为实现以任务规划为前提的风梯度动态滑翔航迹优化提供了技术支撑,对拓展无人飞行器应用新能源具有十分重要的意义。现将相关研究工作整理出版,希望对无人飞行器的梯度风动态滑翔的发展与应用有所帮助。

本书的研究工作得到国家自然科学基金项目（编号：61703414）资助，在此表示衷心感谢！感谢学院、系所各级领导对本书出版工作的大力支持！感谢国防科技大学空天科学学院郭正教授、杨希祥副教授、陈清阳副研究员、罗晓英工程师对本书研究和出版的指导与支持！

限于作者的学识水平，书中难免存在不足之处，敬请广大读者批评指正。

作 者

2019 年 3 月于国防科技大学

目　　录

第1章 绪 论

1.1 引 言

1.1.1 无人飞行器的应用

无人飞行器是近年来军事装备和民用航空上研究最热门、发展最迅速的领域之一[1,2]。无人飞行器的飞行并不是完全不需要人的参与,它是一种"无人在机内驾驶的飞行器",使用的过程中还是需要有人"驾驶"的,只是"驾驶"的人在地面或另一架飞机上。当然,需要人为"驾驶"的时机也通常限于某些关键时刻,如定点回收、降落以及对目标分析判断或飞行过程中任务更改等重要决策的时刻。不需要人的干预,完全按照预设的飞行程序自主飞行,这种情况目前只适应于简单的飞行任务[3]。最早的军用无人飞行器出现在20世纪越南战争中后期,那时候被称为"遥控驾驶飞机"(Remotely Piloted Vehicle, RPV)[4]。经历了几十年的发展后,目前这类飞行器统称为"无人飞行器"(Unmanned Aerial Vehicle, UAV)。改变的并非只是名称,更意味着这类飞行器的自主程度、智能化水平与以前相比,已经有了极大的提高。随着航空技术、信息网络技术和精确制导等高新技术的发展,无人飞行器在军事和民用方面展现出了良好的应用前景,为世界各国所重视[5-10]。

目前,无人飞行器已经广泛应用于人类的各项活动之中,根据相关资料总结,无人飞行器主要应用于3D环境,即单调(Dull)、肮脏(Dirty)和危险(Dangerous)的环境[1,11-16]。单调的环境,不只是无人飞行器的人为操纵单调,飞行环境也是单调的,如对某一环境进行长时间的空中监测。肮脏的环境,如存在核辐射、毒气等不适合人类前往的环境。特别是在进行核爆炸试验后,采用无人飞行器收集含放射性的粉尘用于实验研究最为合适。危险的环境主要是在军事领域,如对某一军事目标进行低空侦察,如果采用有人的侦察机,容易因为暴露目标被击落,从而造成人员伤亡,采用小型电动无人飞行器既能避免人员伤亡的危险,又能获得意想不到的侦察效果。

随着无人飞行器技术的不断发展,人类对其设计要求也不断提高,希望能够获得飞行时间更长久、自主控制能力更加智能的无人飞行器[17]。目前,无人飞行器的飞行能力很大程度上受到能源供应系统的限制,因为无人飞行器的推进系统和载荷系统对能量的大量消耗,而自身携带的能量又受到储能系统容量的限制,导致无人飞行器难以获得理想的续航能力[2,17-20]。

为了提高无人飞行器的飞行时间和飞行距离指标,许多研究人员在飞行器的气动布局和发动机设计方面进行了改进和提高[21,22]。如在飞行器表面铺设太阳能电池板,利用太阳能为无人飞行器飞行供应能源[23-29];对无人飞行器空中自动加油技术(Automated Aerial Refueling, AAR)相关的研究和实验[30,31],等等。这些方案有效地提高了无人飞行器的续航能力,获得了较令人满意的飞行效果。但是对小型的无人飞行器而言,因其结构尺寸小,携带载荷的能力明显受到了限制,除了自身所必须安装的通信导航设备和控制设备外,能够携带的燃料很少。空中加油技术对于小型无人飞行器而言,实施起来技术难度比较大。利用太阳能作为能源,则要求无人飞行器最好在平流层以上飞行,这样才能有效避免云雾的影响,一般的小型无人飞行器很难飞到这种高度,其飞行高度一般都是在低空范围内。为了更好地接受太阳光的照射,太阳能无人飞行器的航迹必须随太阳照射角的变化而变化[24,26,32-35],对无人飞行器的任务规划造成了一定的影响,此外,在夜间太阳能的获取率几乎为零。在目前的技术条件下,白天获取的太阳能难以实现无人飞行器的昼夜巡航飞行,比较典型的例子有 Zephyr 系列太阳能无人飞行器[36,37]等。因此要提高小型无人飞行器的续航能力,必须从其他途径进行考虑和研究。

1.1.2 梯度风滑翔的由来

固定翼飞行器之所以能够在天空中持久飞行,是因为它可以利用自身在大气中的运动产生足以抵消重力的升力。但飞行器在大气中飞行时还会产生阻碍其向前运动的阻力,如果没有其他力克服这个阻力,飞行器的飞行速度就会慢慢降低,随之升力也会逐渐减小。从而升力无法抵消重力,使得飞行器只能持续降低高度以至飘落。所以,普通的固定翼飞行器还需要消耗能源来驱动发动机以提供足够的推力用来克服阻力,从而保持合适的速度产生升力,这样就可以保证持续飞行。但是,人类通过观察发现,鸟类在飞行中消耗的能量远远小于人造飞行器,因为这些鸟类可以利用滑翔技术在某种大气条件下不扇动翅膀也可以获得持久飞行。这种滑翔技术早在飞机产生之前就受到人们的关注。

事实上,在自然界中,存在有许多体型较大的鸟类利用环境中的上升气流或者梯度风层流以滑翔的方式提高自身的飞行能力,如金雕、苍鹰、军舰鸟、海鸥、信天翁等[38-45],其中金雕、苍鹰、军舰鸟等鸟类主要是利用内陆环境中存在的上升气流进行滑翔飞行;海鸥、信天翁等鸟类主要是利用海面上空存在的水平梯度风层流进行滑翔飞行。

据文献[46]所述,这些大型鸟类的重量与翼载荷之间的关系如图 1.1 中椭

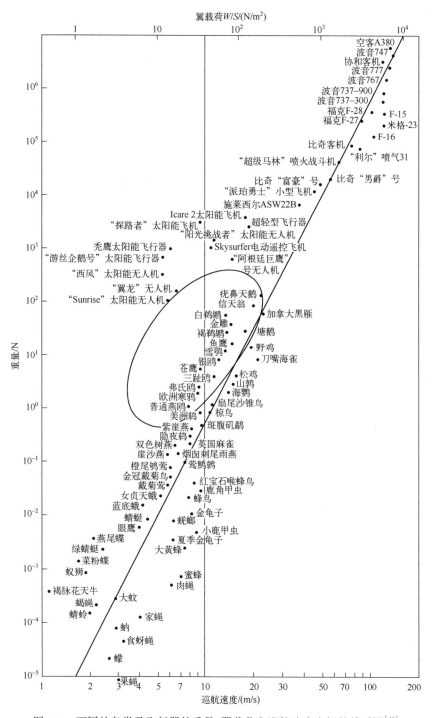

图 1.1 不同的鸟类及飞行器的重量、翼载荷和巡航速度之间的关系图[46]

圆标示所示。从最小的海燕到大型的信天翁,随着体型的增大,其翼载荷也不断增大,同时其巡航速度也不断增大。金雕、信天翁,它们的翼载荷都在100N/m²左右,巡航速度在20m/s左右,与一架小型无人飞行器相类似,因此研究它们的飞行特征能启发我们对小型无人飞行器的研究。此外,如果飞行器巡航时的能量消耗功率 P 等于阻力 D 与速度 V 的乘积,那么飞行器单位重量的能量消耗率可表示为

$$E = D/W = P/WV \qquad (1.1)$$

式中: W 为飞行器的重量; E 为单位重量的能量消耗率,是一个无量纲量。从图1.2可发现,信天翁巡航时的单位重量的能量消耗率与波音777相同,说明自然界的这些大型鸟类的飞行性能与我们使用的固定翼飞行器有着类似之处。下文将对这些鸟类如何在自然界中飞行展开详细的描述。

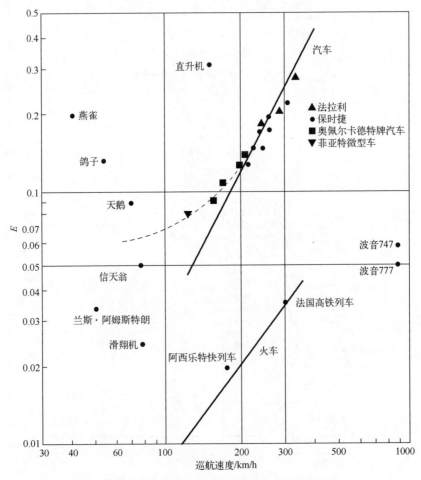

图1.2 能量消耗率与巡航速度之间的关系图[46]

1.1.3　梯度风滑翔的类型

根据飞行环境中风场的特点和滑翔方式的不同,梯度风滑翔可以分为上升气流静态滑翔和水平层流的动态滑翔。

在中低空范围内,存在上升气流的区域较多,主要集中在一些地表植被覆盖不均匀的山坡的上空。在太阳的照射下,植被覆盖较少的区域的受热量往往高于植被覆盖多的区域,使得该区域上空的温度相对其他区域要高,如图 1.3 所示,从而产生上升的热气流,风向受到山坡上升热气流的影响,由水平方向变为垂直方向,如图 1.4 所示,从而形成局部范围内的上升气流柱。在自然界中,有许多鸟类利用上升气流柱进行盘旋飞行,如图 1.5 所示。

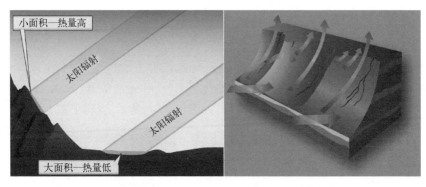

图 1.3　山坡上升热气流形成示意图[47]

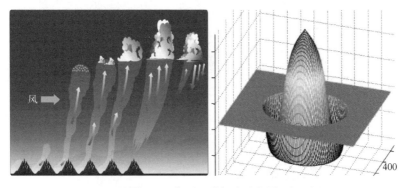

图 1.4　典型上升气流示意图

利用上升气流进行滑翔飞行的方式称为静态滑翔。采用静态滑翔的方式提高自己飞行能力的鸟类,如苍鹰一类的体型较大的鸟类。之所以称为静态滑翔,是因为在滑翔过程中不需要有太多的姿态变化。在上升气流的作用下,鸟

图 1.5　利用上升气流进行滑翔的鸟类

类所获得的升力 L 大于由空速(V_a)所产生的气动升力,即

$$L > \frac{1}{2}\rho S_w V_a^2 \tag{1.2}$$

式中:S_w 是鸟类的翼面积。对这方面的研究也有很多[39,48-56],其中比较典型的有文献[50],研究人员在苍鹰的身上安装了 GPS 航迹追踪器,如图 1.6(b)所示,并通过翼伞近距离观测苍鹰的飞行,如图 1.6(a)所示,获得了图 1.6(c)所示

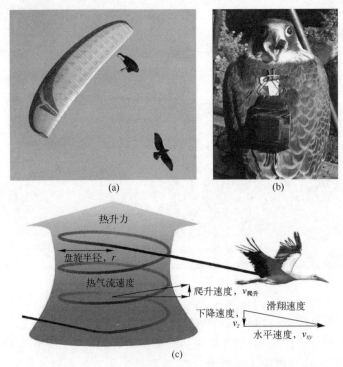

图 1.6　观测鸟类利用上升气流静态滑翔的航迹[50]

的典型的上升气流静态滑翔航迹。而且,通过近距离观测,在整个滑翔过程中,苍鹰极少需要拍动翅膀,也就是说苍鹰在上升气流的滑翔过程中,不需要消耗自身的能量。但是这种滑翔方式的应用范围比较狭窄,存在有适合无人飞行器滑翔的上升气流环境较少,因此,在研究中主要是研究水平层流的梯度风动态滑翔。

　　自然界中,存在另一种提高大型鸟类飞行能力的方式,是利用水平梯度风进行的梯度风动态滑翔[57]。根据相关气象观测数据显示[58],在地表开阔地区的风速与海拔高度的曲线关系如图 1.7 所示。特别是在近地面[59],如图 1.8 所示,由于气流与地表的摩擦,存在风速呈梯度变化的风场,类似的风场在海面上空也大范围存在。

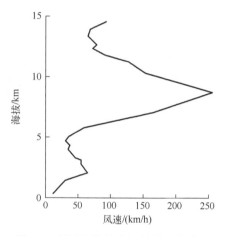

图 1.7　风速与海拔之间的关系曲线图

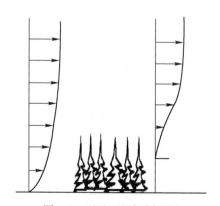

图 1.8　近地面风场剖面图

　　由于梯度风场的存在,信天翁、军舰鸟等一些大型鸟类利用梯度风动态滑

7

翔的飞行方式进行远距离飞行。据相关文献[60-62]说明,信天翁等利用梯度风动态滑翔的方式从海面的梯度风场中获取能量用于自身飞行,特别是信天翁采用梯度风动态滑翔的方式飞行一天的距离可达 1000km,且很少需要扇动它们的翅膀。与静态滑翔不同,在整个动态滑翔过程中,有着极为复杂的飞行姿态变化,其滑翔航迹如图 1.9 所示。

图 1.9　梯度风动态滑翔中的信天翁

信天翁是一种体型很大的飞禽,其体重最重可达 8kg,翼展近 3.5m,展弦比在 15 左右,最大升阻比超过 21。对于信天翁梯度风动态滑翔的研究,国外的研究者较多。早在 1883 年,英国科学家 Lord Rayleigh 在 *NATURE* 杂志上发表了关于对信天翁滑翔描述的论文[63],主要是对这种滑翔现象进行了描述,即信天翁在不扇动翅膀的情况下,可以在海面上变化的风场中进行远距离飞行,如图 1.10所示。

1883年4月5日	*NATURE*

　　如果我们对力学不了解,那么在我们的思维中,一只鸟如果不扇动翅膀是无法在空中飞行的。当然,鸟类如果具备一定的初速度,可以在空中飞行很短的时间。因此,一只鸟想要在不扇动翅膀的情况下飞行,必须具备以下条件:①飞行路径不是水平的;②环境风场方向不是水平的;③不能是均匀的风场。条件①或条件②具有代表性,很可能是正确的,条件③则比较难以验证。

图 1.10　Lord Rayleigh 发表在 *NATURE* 上的论文片段

Rayleigh 认为信天翁之所以能够利用不均匀风滑翔是因为信天翁相对于空气的速度改变(当时还没有空速的说法)。图 1.11 假设了一只信天翁贴近海面飞行的场景。海面上空通常存在很大速度的风,而当风沿着海面波浪上方吹过时,在波浪的背风区域风速则相对较小或近似无风。这样海面风就近似分为了上下两层,波浪上方是有风区,波浪下方是无风区。假设上层有风区的平均风速是 7m/s,而下层无风区的风速为 0。若此时信天翁在下层以 17m/s 的空速迎风(与上层风的风速方向相反)飞行,因为下层风速为 0,所以此时的地速也为 17m/s。信天翁如果突然从下层的无风区穿入有风区,则由于惯性的原因,导致地速来不及变化,可是空速却因为风速的突变而瞬间增加了 7m/s。增加的风速会产生更大的升力使得信天翁的高度得以抬升。这就是 Rayleigh 在其文章中所谓的不均匀风带来相对速度变化的原理。按照现在的理论,动态滑翔的本质就是由于飞行器存在惯性,风速的变化给空速提供了额外的增量。

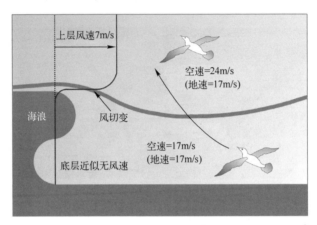

图 1.11　信天翁海面动态滑翔基本原理图解

如今,随着科技的进步,一些先进的设备不断发明和运用,对梯度风动态滑翔的探索也越来越深入。2012 年,德国科学家 Gottfried Sachs 等人在其发表的论文[61]中,公布了他们的一项关于信天翁梯度风动态滑翔的实验数据。Sachs 等人在信天翁身上安装 GPS 信号跟踪器探测信天翁的飞行轨迹,如图 1.12 所示,获得了信天翁 30 天的飞行旅程中前 6 天的飞行轨迹数据,其总路程大约是 4850km,在 14min 内就飞行了 4.5km,且其飞行轨迹具有一定的周期性,如图 1.13 所示。而且,在文献[64]中,研究人员通过在信天翁的心脏附近安装脉搏计数器,发现信天翁在梯度风场中长时间滑翔的心跳频率与其休息时的心跳频率基本相当,从而有力地说明了信天翁在滑翔过程中可以从环境中获取足够的能量维持自身的飞行,无需损耗自身有过多的能量。

为了进一步分析信天翁的梯度风动态滑翔过程,将所获得的 GPS 原始数据导入到三维空间模型中进行分析,对其中一个梯度风动态滑翔周期进行定量分析,如图 1.14 所示,一个梯度风动态滑翔周期的飞行距离大约是 150m,其基本动作分为 4 部分:①上升;②转弯;③下滑;④转弯。

如果能够将信天翁的滑翔技能应用于无人飞行器的工程实践中,对提高无

图 1.12　在信天翁的背部安装了航迹追踪的 GPS(见彩图)

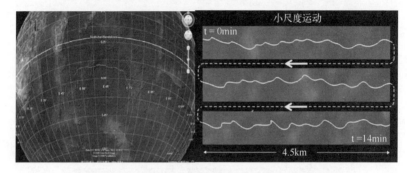

图 1.13　GPS 追踪到的信天翁飞行轨迹[61](见彩图)

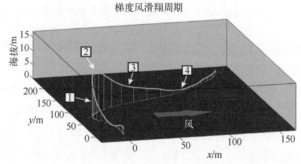

图 1.14　信天翁一个滑翔周期内的飞行航迹图[61](见彩图)

人飞行器的飞行能力、延长其续航时间和飞行距离将具有积极意义,而且所需要的能源来自于飞行环境,无需其他化学能的转化,对环境无污染,因此,十分有必要对梯度风动态滑翔进行研究。采用梯度风动态滑翔的无人飞行器也将有很大的应用空间,如可用作为海面低空范围内的气流观测平台[65],这对研究海洋气候很有帮助;类似信天翁的无人飞行器群可以在海面上持久驻留,可长时间大范围内监测海洋安全和渔业巡逻。此外,在军事上,梯度风动态滑翔的无人飞行器可长时间为航行中的船舰提供预警,同时可组成海上分布式监测系统,用于监测潜艇动向。因此,将信天翁的梯度风动态滑翔应用于工程实践是本书研究的重点。

1.2 国外梯度风滑翔研究综述

由于梯度风动态滑翔的应用前景十分广泛,因此,国外许多研究人员对其进行了深入而细致的理论分析和相关实验探索,国内也有相关的研究,但是相对国外比较少,在本章后面将会对其进行总结。国外的研究人员主要是从以下几个方面开展了研究。

1.2.1 梯度风场感知与建模综述

如果无法预知风场模型,就无法对梯度风动态滑翔进行分析,因为并不是所有的风场都适合于梯度风动态滑翔,只有风速随海拔高度呈梯度变化的风场才适合[57]。如果飞行环境中的风场参数已知,则滑翔过程中的能量转化机理和滑翔的航迹优化可形成系统问题进行分析,所获得的结论也将更具有普遍性和指导性。

在梯度风场感知与建模上,Langelann 等人在其文献[66]中利用线性卡尔曼滤波算法简化参数估计的方法对风场进行估计和建模。葡萄牙学者 Ricardo Bencatel 等人[67]对近地面因风与地表摩擦所产生的梯度风场,建立了关于风场的对数模型;对大气中不同层流引发的梯度风场也进行了风场估计和建模,采用粒子滤波的方式对风场的观测数据进行参数估计和模型拟合。线性卡尔曼滤波算法简化参数估计的方法就是采用线性化的方法处理非线性问题,状态变量和方差都是通过线性化后的动力学模型进行传播,当系统严重非线性时,其估计的结果偏差会很大[68-70]。而粒子滤波算法的基本思想是通过重建状态变量后验概率密度函数的方式对状态变量进行估计,随着粒子数的不断增加,粒子滤波算法可以处理非线性系统中服从任意分布的随机噪声问题[71]。

本书所用的梯度风场为典型的非线性风场,适合采用粒子滤波算法进行风场建模。因此,本书的梯度风动态滑翔研究中所采用的风场模型,将参照 Ricardo Bencatel 等人所提出采用粒子滤波的方式进行风场估计,从而获得相应的风场模型。

1.2.2 梯度风滑翔机理与航迹优化研究综述

通过对信天翁梯度风滑翔的描述我们可以发现,信天翁能够从环境中获取能量与其独特的飞行方式息息相关,从图 1.14 可以看出,上升—转弯—下滑—

转弯是信天翁滑翔航迹的4个特征点,这4个特征点是信天翁能够从梯度风场中获取足够的能量用于自身飞行的关键所在,此外,信天翁呈周期性的上下飞行的航迹说明其获取能量的方式也是呈周期性的。因此,梯度风动态滑翔的能量转化机理和梯度风动态滑翔的航迹优化与控制这两个研究点是相互耦合的。基于这个原因,很多研究者往往将梯度风滑翔的原理分析和航迹优化结合在一起研究,分析梯度风动态滑翔的获能机理、航迹优化的相关边界条件、最优控制算法以及设计样机进行飞行实验,所获得的结论直观且有说服力,对深入了解梯度风动态滑翔,推动其工程应用影响重大。

德国科学家 Sachs 等人在文献[72]中首先对一个周期的滑翔航迹尺寸进行定量分析,如图 1.15 所示。此外,还论述了梯度风动态滑翔过程中空速的变化,以及由此引发的能量变化,如图 1.16 所示,V 表示空速、V_k 表示地速、V_w 表示风速,三个速度的矢量关系如图所示。在经历了一个周期的滑翔后,在风速的作用下,地速的矢量值增加了,从而认为飞行器从风场中获取了能量,而且,主要是在上升和下降阶段进行了能量获取。

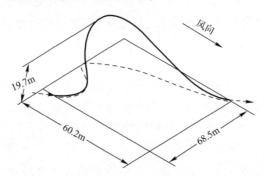

图 1.15　一个周期的梯度风动态滑翔航迹示意图[72]

此外,Sachs 等人[58,61,73-78]首先在前人对梯度风动态滑翔现象观测的基础上,从理论上分析了实现从风场中获取最大能量的最优控制法,即设置能量最大化函数进行航迹优化计算,获得最优滑翔航迹及相应的状态变量输出;同时,对适合梯度风动态滑翔的最小梯度风也进行了计算,还分析了最小梯度风条件下,升力系数为定值与不定值时滑翔轨迹之间的不同。

为进一步探索信天翁梯度风动态滑翔的奥秘,Sachs 等人在信天翁身上安装 GPS 信号跟踪器和速度传感器来探测信天翁的飞行,经分析得知信天翁一个梯度风动态滑翔周期的时长大约是 15s,最大飞行速度约 30m/s。在信天翁一个滑翔周期内,其总能量变化如图 1.17 所示。信天翁主要是在逆风上升到顺风下滑的过程中获得能量,图中用圆圈分别标出了信天翁自身最小能量和最大

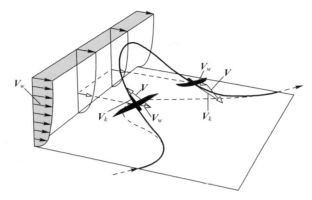

图 1.16　一个周期的梯度风动态滑翔过程中速度的变化示意图[72]

能量的大概位置。所以在一个动态滑翔周期内,爬升和下滑被认为是梯度风能的获取环节。这个结论在接下来的研究中很有指导性,在下文中将对这一结论进行详细的理论论证。

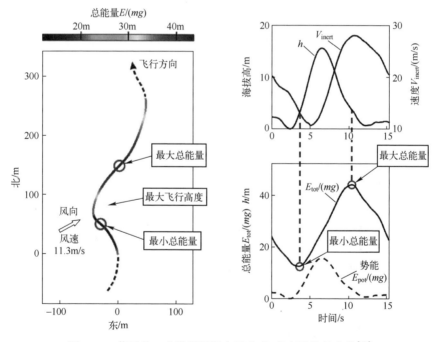

图 1.17　信天翁一个滑翔周期内的速度、高度及能量变化[61]

　　针对鸟类的滑翔方式应用于无人飞行器,Kicenuik 等人[79,80]首次提出滑翔机在水平层流和垂直层流中的最佳操控方式,为了从风场中获取尽可能多的能量,飞行器必须以阻碍气流的方式飞行,如此气流就会给飞行器一个反作用力,从而使飞行器获得与风场方向相一致的加速度。当飞行器在侧向气流中飞行时,如图1.18所示,滚转的角度方向与层流相一致,飞行器受到侧向的作用力,同时也获得了侧向的加速度,从而增加了系统的动能,飞行一段距离后,再次根据风向调节滚转角度,如此往复。当飞行器在下降气流中飞行时,如图1.19所示,如果垂直层流的方向是向下时,飞行器俯仰的角度也向下,顺着层流的方向下沉,当飞离层流区时,静态气流会给飞行器一个向上的作用力。Kicenuik的分析虽然看似有道理,但是应用在本书中的获能原理的分析时还是不够有说服力,因此,在本书中只是借以参考。

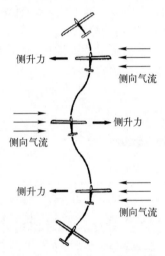

图 1.18   在侧向气流中的最佳滑翔操作方式

滑翔机如何从下降气流中获得能量

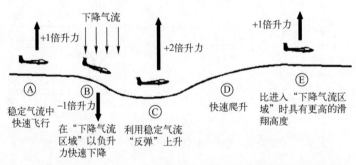

注:位置Ⓓ处是寻找另一个"下降气流区域",重复"负升力机动"的绝佳位置。

图 1.19   在下降气流中的最佳滑翔操作方式

Langelann 等人[57,66,81-85]在无人飞行器利用梯度风能机理的研究基础上,对基于风场模型建立的梯度风模型进行分析与处理,结合无人飞行器动力学模型和气动参数,研究了风速场到梯度场再到梯度能的映射关系,在三维区域内建立了基于动态滑翔能量闭环的梯度能分布图,研究了面向梯度能航迹规划的无人飞行器可通行性区域分析方法,为实时航迹规划提供理论与技术支撑,在此基础上研究了基于梯度能可通行性区域的航迹搜索算法,其闭环控制如图 1.20 所示,同时证明了算法完备性,验证了算法的有效性。

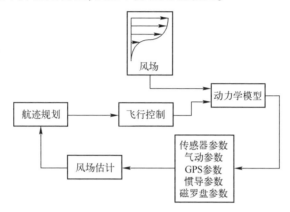

图 1.20　梯度风动态滑翔闭环控制的框架图[84]

澳大利亚悉尼大学 Lawrance 等人[86-89]从信天翁在广阔海域迁徙、觅食的现象入手,总结信天翁远距离滑翔飞行的策略和方法,研究其飞行航迹随区域风向变化的规律,分析其应用于飞行器动态滑翔的可行性,重点考虑选择适合完成任务目标的风速、风向。该研究基于全局航路信息和局部梯度风场数据的航路规划与航路实时修正方法,分析全局与局部航路之间不同关联模式下的梯度风能利用效率,并将信天翁全局航路信息作为局部航迹规划的输入条件、任务目标。他们还研究了无人飞行器在梯度风场中的自主梯度风动态滑翔,包括已知风场中的滑翔机理研究和自主航迹规划,以最大获取能量为目标函数,获取最优滑翔航迹,如图 1.21 所示。

新加坡南洋理工大学的 Ariff 等人[90,91]针对信天翁动态滑翔过程中,顺风上升逆风下滑获取梯度能、高低空转弯损失动能这一特征,研究飞行器在梯度风场中上升下降段获能最多、转弯段消耗能量的飞行模式。该研究通过飞行器机载能源供能的推力系统进行主动控制,使得飞行器既能从梯度风中获取更多的能量,又能实现快速低能耗的掉头转弯,使飞行器在飞行过程中以消耗自身少部分能量,达到获取更多的梯度风能的目的。美国学者 Yiyuan J. Zhao 教授等人[21,92,93]在已建立的飞行器三自由度动力学模型的基础上,研究了梯度风动

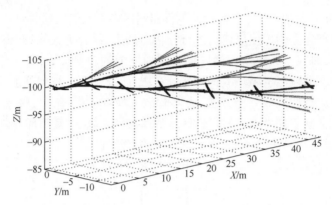

图 1.21　Lawrance 等人在已知风场中采用的空间寻址优化法进行航迹规划[89]

态滑翔的最优控制,以及适合梯度风动态滑翔的最佳模式。美国学者 Deittert 博士[11,94]研究了一类飞行器进行无动力梯度风动态滑翔时所需的最大和最小风场强度,等等。其他类似于对梯度风动态滑翔的机理和航迹优化的研究可见参考文献[65,95-105]。

此外,还有很多其他的相关研究,比如美国佛罗里达大学 Michael A. Patterson 等人[106,107]开发了一种基于 MATLAB 工具包的开源商用软件——GPOPS (Gauss Pseudospectral Optimization Software)软件,用户在此软件的基础上可对各类飞行进行相关的建模和优化计算。此外还有采用计算拓扑点法的方式计算最优航迹的优化工具包 AMPL(A Modeling Language for Mathematical Programming)[108],以及专门用于航迹优化计算的软件 ALTOS[109]和 NPSOL[110]等。相关工具包的应用对计算梯度风动态滑翔的最优航迹带来了很大的便利。

这一系列研究从理论建模、软件仿真和实验数据分析对动态滑翔进行了深入的研究,对于我们开展梯度风能综合利用的研究有很高的参考价值。

1.2.3　梯度风动态滑翔机的设计和飞行实验综述

在进行梯度风动态滑翔理论分析和仿真的同时,也有不少研究人员在所获取的研究结论的基础上进行相应的滑翔机设计和飞行实验。

首先是滑翔机翼型的设计,根据文献[101],梯度风动态滑翔无人飞行器需要满足以下要求:

(1) 高升阻比;

(2) 适合于高空急转弯;

(3) 随着风速的升高可以进行能量的获取;

(4) 较小的寄生阻力以尽量减小能量的损失。

Jacob、Bruce、Patterson 等人[111]根据上述要求,利用开源软件 XFLR5 对梯度风动态滑翔的无人飞行器机翼进行了概念设计。Jacob、Bruce、Patterson 等人认为:为了获得更高的升阻比,机翼的展弦比应该设置得较大一些,这样可以减小机翼的诱导阻力;为了适合高空转弯,无人飞行器的结构材料应该高强度轻型材料,因此,采用碳纤维比较合适;此外,用于梯度风滑翔的无人飞行器要能够做到有效的转弯,其质量不能太小,因此在设计机体框架的时候要留出一定的空间,用于随时增加飞行器的质量。基于上述设计条件,Jacob、Bruce、Patterson 等人设计出了符合要求的梯度风动态滑翔的概念机,如图 1.22 所示。

图 1.22 梯度风动态滑翔的无人飞行器模型

图 1.22 中无人飞行器模型的翼型如图 1.23 所示,在不同的雷诺数下,升力

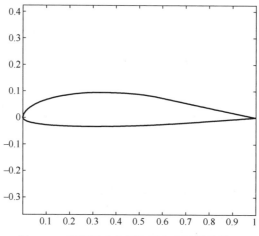

图 1.23 梯度风动态滑翔无人飞行器的翼型

系数与攻角的关系和升力系数与阻力系数之间的关系如图 1.24、图 1.25 所示。所获得的翼型与相应的参数,可为后续研究设计梯度风滑翔实验用的无人飞行器提供参考。

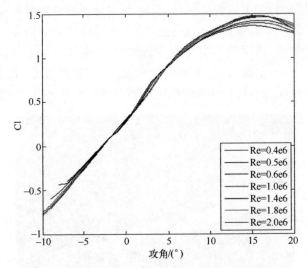

图 1.24　升力系数与攻角之间的关系图(见彩图)

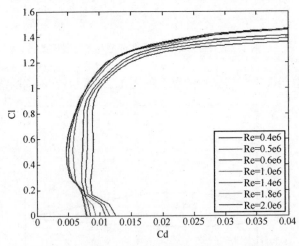

图 1.25　升力系数与阻力系数之间的关系(见彩图)

美国斯坦福大学的 Geoffrey Christien Bower[112,113]根据梯度风动态滑翔的要求,无人飞行器飞行轨迹在短时间内发生速度和航向的改变,从状态精确控制与轨迹跟踪的角度出发,相比传统的无人飞行器设计更具挑战性,特别是当无人飞行器接近地面或者海面以及处于空气稀薄的临近空间的时候。该研究分别以最小梯度风、最大梯度风能利用、最大净增速度等为设计目标,综合考虑无人飞行器气动、结构、能源等各子系统的约束条件,为不同风场条件下的自动滑翔无人飞行器设计提供优化参数,实现无人飞行器梯度风能高效利用与机载能源的合理配置。如图 1.26 所示为 Bower 等人研制的动态滑翔无人飞行器样机模型,整机的质量为 1986.3g。

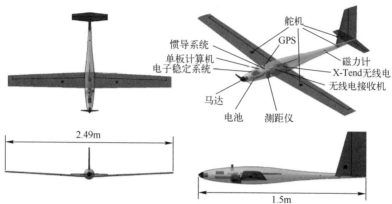

图 1.26　Bower 等人研制的梯度风动态滑翔无人飞行器样机模型

美国学者 J. Philip Barnes 在其文献[114]中通过对信天翁滑翔机理的分析和总结,以直观的方式分析了滑翔过程中所受的"滑翔力",如图 1.27 所示,图中 γ 是飞行航迹角,ψ 是滚转角。"滑翔力"是由风场中存在有梯度的风速而产生的。同时,由力的分析,J. Philip Barnes 总结出,如果在人为的无线电控制下,与信天翁类似的飞行器可以按照如图 1.28 所示的 5 种飞行模式进行滑翔,并随意挑出了一种滑翔模式进行了能量变化分析,满足风场中能量获取与损耗相平衡的需求,如图 1.29 所示。

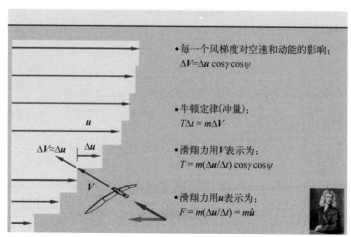

图 1.27　"滑翔力"的产生示意图

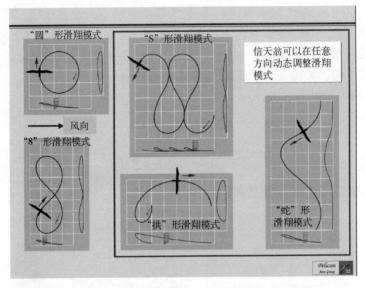

图 1.28   遥控状态下 5 种滑翔航迹

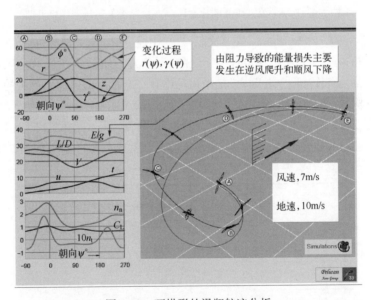

图 1.29   环拱形的滑翔航迹分析

在文献[115]中,James Parle 总结了 Lord Rayleigh 对信天翁的描述,认为信天翁在海面的梯度风动态滑翔航迹可由图 1.30 中一个个圆环组成。这种滑翔方式应用于无人飞行器,则可以如图 1.31 中所示"S"形飞行航迹,并可以用遥控的方式实现。

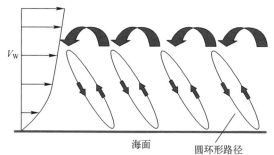

图 1.30　信天翁的圆环形飞行航迹

图 1.31　无人飞行器滑翔时的"S"形航迹

　　而另一位对梯度风动态滑翔进行遥控飞行的研究者 Robert G Hoey[116]更是设计了一种类似于信天翁的滑翔机模型,如图 1.32 所示,来研究信天翁在滑翔过程中的控制稳定性。

图 1.32　用于遥控实验的仿生滑翔机模型

美国学者 Philip L. Richardson[117,118] 采用无线电遥控的方法在梯度风场中进行了滑翔实验,其所用的无人飞行器模型如图 1.33 所示。采用遥控无人飞行器在梯度风场中进行梯度风动态滑翔可以获得极高的飞行速度。由于地面控制者的视野范围有限,因此是采用小范围盘旋的模式进行滑翔的,其航迹如图 1.34 所示。无人飞行器在梯度风场中滑翔一个周期后,其速度增加了。

图 1.33　梯度风动态滑翔实验所用的遥控无人飞行器(见彩图)

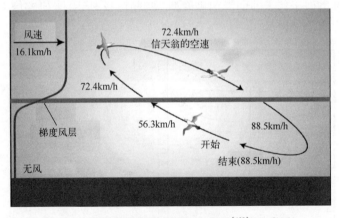

图 1.34　滑翔实验的飞行航迹示意图[122](见彩图)

此外,有许多遥控滑翔机爱好者每年都进行滑翔比赛,其滑翔方式与 Philip L. Richardson 的滑翔模式类似,也是小范围内的盘旋模式,相关比赛结果信息都公布在网站(www.rcspeeds.com)上,2012 年的比赛结果如图 1.35 所示,这年比赛的最高滑翔速度达到 498mph=801km/h=223m/s。2000—2012 年间最高滑翔速度记录如图 1.36 所示。

图 1.35 2012 年遥控滑翔比赛情况

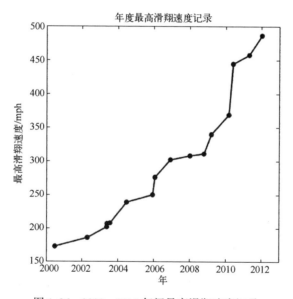

图 1.36 2000—2012 年间最高滑翔速度记录

1.3 国内梯度风滑翔研究综述

目前国内对飞行器梯度风动态滑翔机理的研究相对国外较少。国防科技大学的高显忠、朱炳杰等人[119-121]对风动力的滑翔研究较深入,在梯度风能利用的研究上,对梯度风获取能量的运动特征进行了分析,建立了自主梯度风动

23

态滑翔飞行的简化方法。在建立运动学模型的基础上,采用高斯伪谱方法对最优梯度风动态滑翔轨迹进行求解。根据最优梯度风动态滑翔的轨迹特征,提出基于特征描述的飞行器梯度风动态滑翔轨迹生成方法。哈尔滨工程大学盛其虎等人[122]针对信天翁近海面的飞行条件,将信天翁简化为二维机翼,采用势流理论的面元方法,研究了在海面的大风浪中高效飞行的力学机理。

第 2 章　梯度风滑翔的运动机理和运动特性分析

梯度风场的存在是进行梯度风动态滑翔的前提条件,因此,在研究动态滑翔之前,需要对梯度风场进行数学建模。结合无人飞行器动力学模型,应用哈密顿方程分析梯度风动态滑翔过程中的边界条件,主要是分析风场条件和飞行器的设计参数,即风场梯度与飞行器翼载荷之间的关系、风场梯度与升阻比之间的关系以及在梯度风动态滑翔过程中翼载荷与升阻比之间的关系。同时,可以由哈密顿函数的极值条件,求出控制输入变量 $[C_L, \mu]$ 的极值条件。

2.1　自然界中适合梯度风动态滑翔的风场条件

梯度风动态滑翔是从大气流中获取能量维持自身飞行的一种飞行方式。事实上,从大气流中获取能量飞行的方式有多种,如利用上升的热气流获取能量升力飞行,梯度风动态滑翔,以及从旋风环境中获取能量飞行等。为了把各种获能方式区分开来,需要对大气环境进行细致的分析和研究。

2.1.1　大气中适合梯度风动态滑翔的条件

地球大气层的厚度大约在 1000km 以上,但没有明显的界限。整个大气层随高度的不同表现出不同的特点,如图 2.1 所示,可分为对流层、平流层、中间层、暖层和散逸层,再往上就是星际空间了。

在地球大气环境中,大气的密度和压强在接近地面的时候是最高的,并随着海拔的增加而逐渐减小。根据 1976 年美国气象局对大气环境的观测数据[123],其所绘制的模型如图 2.2 所示,被认为是适用于海拔在 86km 以下大气环境的通用大气模型。

图 2.2 中,在中分纬度,也就是海拔为 0 的位置,标准大气底层温度为 288.2K,压强为 101.3kPa,空气密度为 1.225kg/m³。由于地心引力的作用,几乎全部的大气集中在离地面 100km 的高度范围内,其中 75%的大气又集中在地面至 10km 高度的对流层范围内。在对流层内,气温随海拔的升高而降低,平均每升高 100m,气温降低约 0.65℃,气温随海拔的升高而降低的主要原因是受地

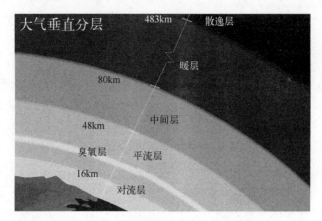

图 2.1　大气层随海拔高度的分布(见彩图)

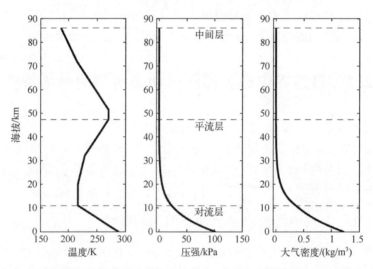

图 2.2　1976 年美国气象局测绘的标准大气压,适用于海拔 86km 以下的大气环境

面长波辐射的影响,离地越高,受热越小,气温也就越低。由于受地面的影响较大,对流层中气温、湿度等的水平分布极不均匀,空气有规则的水平运动和无规则的乱流都相当强烈。据相关文献[60,117]的观测数据显示,在近海面或山谷处,空气的流动呈现梯度现象,如图 2.3、图 2.4 所示。

　　在图 2.3 和图 2.4 中可以看出,随着海拔高度的变化,梯度风场的风速在垂直方向呈梯度变化。梯度风的形成主要是两种不同的空气层流相互剪切的结果,两种不同的层流表现为速度不同或者方向不同亦或速度方向都不相同,不同的空气层流相互剪切导致自剪切层开始在层流厚度方向速度大小呈梯度变化。风与海面和地表的摩擦,均匀风场因为风速差形成了一定高度的梯度风场。

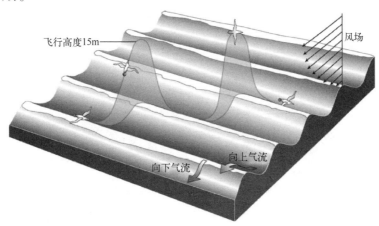

图 2.3　空气与海面摩擦形成的梯度风场[60]

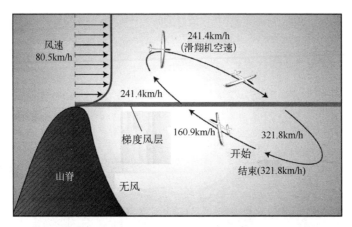

图 2.4　受山峰的阻碍,在山背后形成的梯度风场[117]

2.1.2　风场建模

　　梯度风场的存在是进行梯度风动态滑翔的前提条件。因此在分析梯度风动态滑翔之前,需要对梯度风场进行数学建模。关于风场建模,国外许多学者取得了较好的成果。如美国学者 Allen 在文献[124]中,针对由热气流产生的上升风场进行了建模,无动力无人飞行器在这种上升风场可以进行持久盘旋。Allen 所用的风场数学模型为

$$w = w^* \left(\frac{z}{z_i} \right)^{\frac{1}{3}} \left(1 - 1.1 \frac{z}{z_i} \right) \tag{2.1}$$

式中:w^*、z_i为修正因子。运用此模型,可用于进一步研究自主巡航的无人飞行器在上升风场中的导航与控制,如图2.5、图2.6所示。同时,可通过修改修正因子,研究其他类似的上升风场。

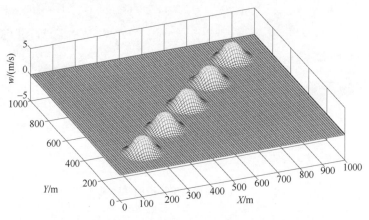

图2.5　热气流产生的上升风场[124]

图2.6　上升风场中飞行器的自主巡航[125]

葡萄牙学者 Ricardo Bencatel 通过对前人风场建模的总结,对近地面因风与地表摩擦所产生的梯度风场,建立了关于风场的对数模型[126]

$$W_H = W_{Href} \frac{\ln(h/h_0)}{\ln(h_{ref}/h_0)} \tag{2.2}$$

式中:W_H是风速,W_{Href}、h_{ref}和h_0是参考值,对应于不同地区地表风场。式(2.2)对数模型主要适应于地表300m的海拔范围内的梯度风场建模,其风场剖面如图2.7所示。

28

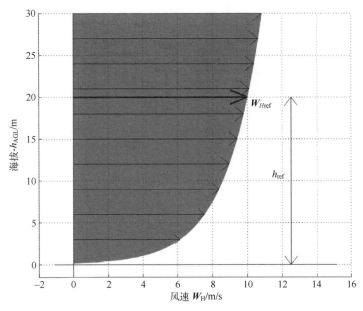

图 2.7　地表梯度风场轮廓图[126]

同时,Ricardo Bencatel 对大气中不同层流所引发的梯度风场也进行了风场估计和建模,采用粒子滤波的方式对风场的观测数据进行参数估计和模型拟合,所获得的数学模型为[126]

$$W_{H,h_{UAV}} = W_{H,LSW,h_{min}} + \frac{\Delta W_{H,LSW}}{2}\left[1 + \mathrm{erf}\left(4\frac{h_{UAV} - \overline{h}_{LSW}}{\Delta h_{LSW}}\right)\right] \qquad (2.3)$$

式中:h_{min} 和 h_{max} 是梯度风场的限制高度,$W_{H,LSW,h}$ 是在风场高度为 h 时的风速矢量,此外,

$$\begin{cases} \Delta W_{H,LSW} = W_{H,LSW,h_{max}} - W_{H,LSW,h_{min}} \\ \overline{h}_{LSW} = \dfrac{h_{max} + h_{min}}{2} \\ \Delta h_{LSW} = h_{max} - h_{min} \end{cases} \qquad (2.4)$$

而风场梯度则用式(2.5)计算

$$\frac{\delta W_{LSW}}{\delta h}\Big|_{h_{UAV}} = \frac{4 \parallel \Delta W_{LSW} \parallel}{\Delta h_{LSW}\sqrt{\pi}}\mathrm{e}^{-\left(4\frac{h_{UAV} - \overline{h}_{LSW}}{\Delta h_{LSW}}\right)^2} \qquad (2.5)$$

在上述计算模型中,粒子滤波的方式估计风场只需要考虑三个参数(见式 2.4),可用于梯度风动态滑翔中的无人飞行器实时估算梯度风场参数,避免了在传统模式下,需要长时间观测风场以获取足够的数据。相应的模拟风场切面如图 2.8、图 2.9 所示。

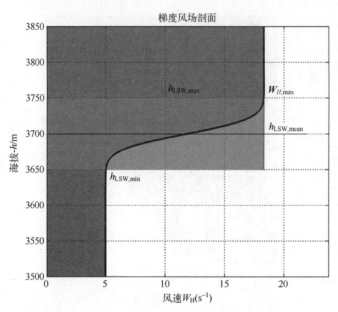

图 2.8   不同层流引发的梯度风场风场剖面图[126]

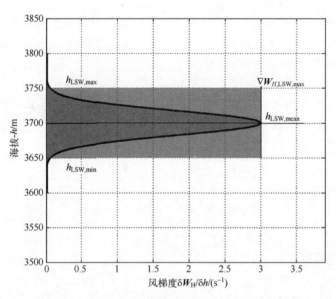

图 2.9   不同层流引发的梯度风场的梯度变化图[126]

结合以上风场建模分析,对长沙地区(28.2°N,112.6°E)的风场观测数据进行建模。图 2.10 是长沙地区(28.2°N,112.6°E) 0~30km 的高度范围内的风场观测数据。由如图 2.10(a)中所示曲线变化可看出,在海拔 5km 范围内的近地面,风场的剖面呈梯度变化,即风速与海拔高度呈一定的梯度关系。由图 2.10(b)所示,此地区的风场方向较稳定,这是对该地区风场进行数学建模,研究该风场中的梯度风动态滑翔的有利条件。

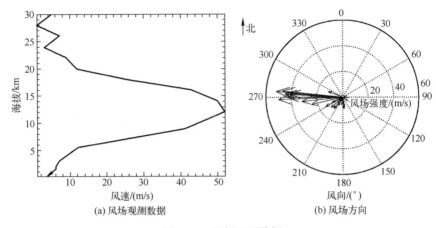

(a) 风场观测数据　　　　　　　(b) 风场方向

图 2.10　风场观测数据

根据第 1 章中的论述,本书主要研究的是以信天翁为参考的小型无人飞行器的梯度风动态滑翔,信天翁在海面上的滑翔高度一般是 50m 左右,所以根据该地区 0～100m 内的风场观测数据,建立与之相适应的风场模型。图 2.10 中观测数据显示,风场显然是非线性风场。对于非线性风场的模型拟合,可以采用下述方法进行求解相应的非线性参数。

参照 Ricardo Bencatel 的参考文献[126]中的对数风场模型,选取参考文献[126]中的一个对数公式来描述地表风场风速与离地高度的关系,该对数公式为

$$W(z) = W_{\mathrm{ref}} \frac{\ln(z/z_0)}{\ln(z_{\mathrm{ref}}/z_0)} \tag{2.6}$$

式中:$W(z)$ 为离地高度为 z 时的风速,W_{ref} 为参照高度 z_{ref} 时的风速,z_0 为高度修正因子,这个关系式主要是通过实验数据总结获得的。z_0 越大,意味着表示该地区的地表面有更多的干扰物,比如树和建筑物之类。

对式(2.6)进行求导,可获得下述关系式

$$\dot{W}(z) = \frac{W_{\mathrm{ref}}}{\ln(z_{\mathrm{ref}}/z_0) \cdot z} = G_{\mathrm{W}} \tag{2.7}$$

式中:G_{W} 为风场梯度。

如图 2.11 所示是根据 0～100m 的风场观测数据,以及根据观测数据拟合出了适应梯度风动态滑翔实验 0～100m 的区域范围内的风场模型,对应公式

31

（2.6）中：$W_{ref} = 15m/s$，$h_{ref} = 100m$，$h_0 = 0.05m$。图 2.12 是 $0 \sim 100m$ 的高度范围内的梯度风场模型剖面曲线即风场的梯度变化曲线。

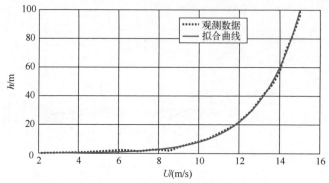

图 2.11　$0 \sim 100m$ 的风场观测数据及拟合模型

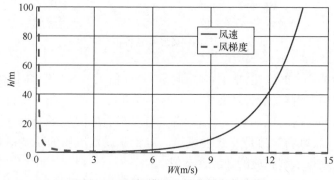

图 2.12　风场模型及梯度风变化曲线

在梯度风动态滑翔中，风场梯度 G_w 是影响能量获取的关键参数。由图 2.12 可发现，越接近地面，梯度风越大；离地越高，梯度风越小。所以在梯度风动态滑翔过程中，选择合适的梯度风其实就是选择合适的飞行高度，这是梯度风滑翔中能量获取最大化与滑翔航迹最优化相联系的原因。同时，在不同的坐标系下，风场梯度的变化趋势也是一致的，这也有利于不同坐标系下的航迹优化。

2.2　梯度风动态滑翔建模坐标系的选择

在分析梯度风动态滑翔的机理和进行航迹优化之前，需要选择合适的坐标系来建立相应的动力学模型。不同的坐标系下分析得出的结论也是不相同的。分析飞行器动力学系统的坐标系主要有大地坐标系、机体坐标系、航迹坐标系和风场坐标系。

　　参照相关文献[127,128]对坐标系转换的分析,在本节中,对梯度风动态滑翔的动力学建模中可能用到的坐标系转换进行了相应的解释。如图 2.13 所示,第一个坐标系图($OX_1Y_1Z_1$)是机体坐标系,坐标原点 O 为无人飞行器的质心,三个坐标轴(X_1,Y_1,Z_1)的指向如图 2.13 第一个坐标轴中所示,X_1轴与机体纵轴平行,方向相反。第二个坐标系图($OX_2Y_3Z_2$)是航迹坐标系,坐标原点 O 与无人飞行器的质心重合,Y_3轴的方向与空速 V_a 平行,但是方向相反。第三个坐标系图($OX_3Y_3Z_3$)是风场坐标系,坐标系的原点 O 与无人飞行器的质心重合,Y_3轴的方向与空速 V_a 的方向一致,Z_3轴在无人飞行器的对称面内。

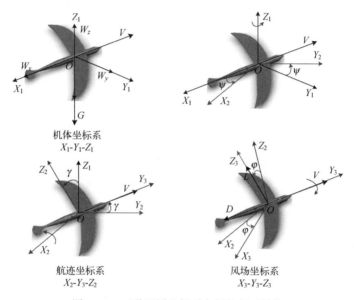

机体坐标系
X_1-Y_1-Z_1

航迹坐标系
X_2-Y_3-Z_2

风场坐标系
X_3-Y_3-Z_3

图 2.13　三种不同坐标系之间的相互转换

　　在图 2.13 中,三个坐标系之间的相互变化关系可用变换矩阵来表示。首先,从机体坐标系($OX_1Y_1Z_1$)变换到坐标系($OX_2Y_2Z_1$),绕 OZ_1 轴转动 ψ 角,ψ 为航向角,其变换矩阵为

$$C_z = \begin{bmatrix} \cos\psi & \sin\psi & 0 \\ -\sin\psi & \cos\psi & 0 \\ 0 & 0 & 1 \end{bmatrix} \tag{2.8}$$

　　然后,绕 OX_2 轴转动 γ 角,从坐标系($OX_2Y_2Z_1$)变化到航迹坐标系($OX_2Y_3Z_2$),γ 为飞行航迹角,其变换矩阵为

$$C_x = \begin{bmatrix} 1 & 0 & 0 \\ 0 & \cos\gamma & \sin\gamma \\ 0 & -\sin\gamma & \cos\gamma \end{bmatrix} \tag{2.9}$$

从航迹坐标系($OX_2Y_3Z_2$)变化到风场坐标系($OX_3Y_3Z_3$),绕OY_3轴转动φ角,φ为滚转角,其变换矩阵为

$$C_y = \begin{bmatrix} \cos\varphi & 0 & -\sin\varphi \\ 0 & 1 & 0 \\ \sin\varphi & 0 & \cos\varphi \end{bmatrix} \tag{2.10}$$

因此,三种坐标系的转换关系可表示为

$$OX_1Y_1Z_1 \xrightarrow{C_z} OX_2Y_2Z_1 \xrightarrow{C_x} OX_2Y_3Z_2 \xrightarrow{C_y} OX_3Y_3Z_3 \tag{2.11}$$

在分析梯度风动态滑翔的动力学特征时,大多数情况在风场坐标系中进行建模分析,也有采用机体坐标系进行分析的,如文献[21,65,129]中采用风场坐标系分析梯度风动态滑翔,而其文献[130]中用机体坐标系进行分析。

运用机体坐标系时,计算无人飞行器的动能是用其地速进行计算,而风场坐标系中计算无人飞行器的动能则是用无人飞行器的空速进行计算,当在有风的环境下,空速和地速不一致,所获得的结果也不相同。飞行器在空中飞行,其升力主要依赖空速产生,如在强风场中的飞行器,从地面观测可能是静止的,此时其地速为零,但是此时飞行器的空速不为零,有足够的升力维持其飞行,其与气流相关的动能也不为零[131]。因此,在计算梯度风场中无人飞行器的能量变化时,采用风场坐标系更合适,本书将根据需求选择相应的坐标系进行分析计算。

2.3 无人飞行器的动力学建模

本节内容主要是建立无人飞行器的三自由度动力学模型。在此飞行模型中,假设无人飞行器的转动远快于平动,所有关于转动的变量都是瞬间完成,因此在模型分析中就只考虑无人飞行器的平动。在风场中,无人飞行器的受力及姿态角如图2.14所示。

风速在x_i,y_i,z_i方向的分量分别是W_x,W_y,W_z,风速W定义如下

$$W = \begin{bmatrix} W_x \\ W_y \\ W_z \end{bmatrix} \tag{2.12}$$

飞行器的惯性坐标系的速度$V_{inertial}$定义为

$$V_{inertial} = \begin{bmatrix} \dot{x}_i \\ \dot{y}_i \\ \dot{z}_i \end{bmatrix} \tag{2.13}$$

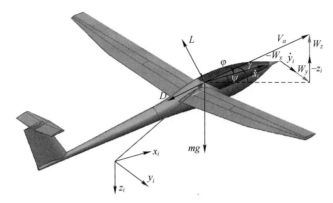

图 2.14　无人飞行器的空速以及受力分析图

L—升力;D—阻力;γ—航迹角;ψ—航向角;φ—滚转角;V_a—空速。

飞行器的惯性坐标系的速度 $\boldsymbol{V}_{\text{inertial}}$、空速 $\boldsymbol{V}_a$,以及风速 $\boldsymbol{W}$ 之间的关系为

$$\boldsymbol{V}_a = \boldsymbol{V}_{\text{inertial}} - \boldsymbol{W} \tag{2.14}$$

气动升力(L)和阻力(D)可表述为

$$\begin{cases} L = \dfrac{1}{2}\rho C_L S V_a^2 \\ D = \dfrac{1}{2}\rho C_D S V_a^2 \end{cases} \tag{2.15}$$

式中:ρ 为空气密度,S 为翼面积,C_L 为升力系数,C_D 为阻力系数。阻力系数 C_D 包括寄生阻力系数和诱导阻力系数。寄生阻力系数在一般的计算中可被是作为定值,用 $C_{D,0}$ 表示,$C_{D,0}$ 的取值一般在 0.02~0.033 之间。诱导阻力是由升力诱导产生的,诱导阻力系数的取值与升力系数 C_L 的大小相关。因此阻力系数 C_D 的取值可用下式进行计算

$$C_D = C_{D,0} + \frac{C_L^2}{\pi A R e} \tag{2.16}$$

式中:AR 是飞机的展弦比,e 是奥斯瓦德效率系数(Oswald's efficiency factor)。

由图 2.14 中的受力分析,应用牛顿第二定律,可得下述方程:

$$\begin{bmatrix} m\ddot{x}_i \\ m\ddot{y}_i \\ m\ddot{z}_i \end{bmatrix} = \begin{bmatrix} \cos\gamma\cos\psi & \cos\psi\sin\gamma\sin\varphi - \sin\psi\cos\varphi & \cos\psi\sin\gamma\cos\varphi + \sin\psi\sin\varphi \\ \sin\psi\cos\gamma & \sin\psi\sin\gamma\sin\varphi + \cos\psi\cos\varphi & \sin\psi\sin\gamma\cos\varphi - \cos\psi\sin\varphi \\ -\sin\gamma & \cos\gamma\sin\varphi & \cos\gamma\cos\varphi \end{bmatrix} \cdot \begin{bmatrix} -D \\ 0 \\ -L \end{bmatrix} + \begin{bmatrix} 0 \\ 0 \\ mg \end{bmatrix} \tag{2.17}$$

式(2.17)是速度变量对时间 t 的求导,式(2.17)也可写作为

$$\begin{cases} m\ddot{x}_i = -D\cos\gamma\cos\psi + L(-\sin\gamma\cos\psi\cos\varphi - \sin\psi\sin\varphi) \\ m\ddot{y}_i = -D\cos\gamma\sin\psi + L(-\sin\gamma\sin\psi\cos\varphi + \cos\psi\sin\varphi) \\ m\ddot{z}_i = D\sin\gamma + L(-\cos\gamma\cos\varphi) + mg \end{cases} \tag{2.18}$$

在风场中,无人飞行器的运动学方程可写作为

$$\begin{cases} \dot{x}_i = V_a\cos\gamma\cos\psi - W_x \\ \dot{y}_i = V_a\cos\gamma\sin\psi + W_y \\ \dot{z}_i = -V_a\sin\gamma + W_z \end{cases} \tag{2.19}$$

式中:$\dot{x}_i$、$\dot{y}_i$ 和 $\dot{z}_i$ 是飞行器在三轴方向的地速,W_x、W_y 和 W_z 则分别表示风速在坐标系三轴方向的分速度。

对方程组(2.19)进行时间 t 上的求导,可得下述方程组(2.20):

$$\begin{cases} \ddot{x}_i = \dot{V}_a\cos\gamma\cos\psi - \dot{\gamma}V_a\sin\gamma\cos\psi - \dot{\psi}V_a\cos\gamma\sin\psi - \dot{W}_x \\ \ddot{y}_i = \dot{V}_a\sin\psi\cos\gamma + \dot{\psi}V_a\cos\psi\cos\gamma - \dot{\gamma}V_a\sin\psi\sin\gamma + \dot{W}_y \\ \ddot{z}_i = -\dot{V}_a\sin\gamma - \dot{\gamma}V_a\cos\gamma + \dot{W}_z \end{cases} \tag{2.20}$$

结合方程组(2.18)和方程组(2.20)计算可得

$$\dot{V}_a = \frac{-D - mg\sin\gamma - m\dot{W}_x\cos\gamma\cos\psi}{m} - \frac{m\dot{W}_y\cos\gamma\sin\psi - m\dot{W}_z\sin\gamma}{m} \tag{2.21}$$

$$\dot{\gamma} = \frac{L\cos\varphi - mg\cos\gamma + m\dot{W}_x\cos\psi\sin\gamma + m\dot{W}_y\sin\psi\sin\gamma + m\dot{W}_z\cos\gamma}{mV_a} \tag{2.22}$$

$$\dot{\psi} = \frac{L\sin\varphi + m\dot{W}_x\sin\psi - m\dot{W}_y\cos\psi}{mV_a\cos\gamma} \tag{2.23}$$

其中,

$$\begin{cases} \dot{W}_x = \dfrac{\partial W_x}{\partial t} + \dfrac{\partial W_x}{\partial x}\dot{x} + \dfrac{\partial W_x}{\partial y}\dot{y} + \dfrac{\partial W_x}{\partial z}\dot{z} \\[2mm] \dot{W}_y = \dfrac{\partial W_y}{\partial t} + \dfrac{\partial W_y}{\partial x}\dot{x} + \dfrac{\partial W_y}{\partial y}\dot{y} + \dfrac{\partial W_y}{\partial z}\dot{z} \\[2mm] \dot{W}_z = \dfrac{\partial W_z}{\partial t} + \dfrac{\partial W_z}{\partial x}\dot{x} + \dfrac{\partial W_z}{\partial y}\dot{y} + \dfrac{\partial W_z}{\partial z}\dot{z} \end{cases} \tag{2.24}$$

式(2.21)~式(2.23)分别直观地表述了空速、航迹角和航向角这些状态变量在风场中随时间的变化规律,在本书后续的航迹优化中,有利于直接设置这些状态变量的初始值和终点值,同时也可在优化过程中直接设置相应的边界约束。同时,这些表达式将风速在坐标轴三轴方向的变化也纳入了考虑范围,这

有利于直观地显示风场条件对求解最优航迹的影响。因此,相应的表达式在后续计算中将被应用到。

2.4　能　量　方　程

进行梯度风动态滑翔的主要条件是从环境中获取能量。本节内容主要论述梯度风动态滑翔过程中的能量转化机理。在梯度风场中,无人飞行器能量的变化主要是动能与势能的变化,由此分析出无人飞行器从风场中获取的能量和飞行过程中因阻力所损失的能量。所以在飞行器的机体坐标系下,无人飞行器的总体能量主要是动能与势能之和。由于维持飞行器正常飞行所需要的升力主要与飞行器的空速有关,因此在计算飞行器动能的时候也是用空速的大小进行计算。无人飞行器的总机械能可表示为

$$E = mgz + \frac{1}{2}mV_a^2 \tag{2.25}$$

对式(2.25)进行时间上的求导,可得无人飞行器的能量变化率方程为

$$\dot{E} = -mg\dot{z} + mV_a\dot{V}_a \tag{2.26}$$

无人飞行器的能量变化率也可直观的表示为

$$\dot{E} = -DV_a + \boldsymbol{W} \cdot (\boldsymbol{L} + \boldsymbol{D}) \tag{2.27}$$

式(2.27)中,$\boldsymbol{W}$、$\boldsymbol{L}$、$\boldsymbol{D}$分别为风速、升力、阻力在坐标系中的向量表示。在本书中,为简化计算,假设风速在坐标轴 y、z 方向的速度分量 $W_y = W_z = 0$,而 x 方向的分量 W_x 则按前述风场建模中的对数模型进行计算,即 $W_x = U(z)$。通过对 W_x 进行时间上的求导,可得

$$\frac{\mathrm{d}W_x}{\mathrm{d}t} = \frac{\mathrm{d}W_x}{\mathrm{d}z}\frac{\mathrm{d}z}{\mathrm{d}t} = \frac{\mathrm{d}W_x}{\mathrm{d}z}(-V_a\sin\gamma) \tag{2.28}$$

令

$$\beta = \frac{\mathrm{d}W_x}{\mathrm{d}z} \tag{2.29}$$

式中:β 为风场梯度的大小。

结合式(2.21)、式(2.26)~式(2.29)可得

$$\dot{E} = m\beta V_a^2\sin\gamma\cos\gamma\cos\psi - DV_a \tag{2.30}$$

式(2.30)中,$\dot{E}$ 表示飞行过程中能量的变化率。此外,从式(2.30)可明显看出,阻力 D 是导致能量损失的主要原因,如果梯度风 $\beta > 0$,$\sin\gamma\cos\gamma\cos\psi > 0$,则有利于飞行器从风场中获取能量。假设存在这么一个梯度风场,其风速随高度

的上升而增大,则其梯度风 $\beta>0$,飞行器的瞬时获能效率最高发生在($\psi=0,\gamma=\pi/4$)以及($\psi=\pi,\gamma=-\pi/4$)两种情况下,即飞行器的飞行方向是与风场方向相平行以 45°角爬升或者下滑。其他非极值条件下,如果是逆风爬升($-\pi/2<\psi<\pi/2,0<\gamma<\pi/2$)或者顺风下滑($\pi/2<\psi<3\pi/2,-\pi/2<\gamma<0$),飞行器能够从梯度风场中获取能量。

无人飞行器在梯度风场中之所以能够有速度的获得能量,可以用乒乓球的碰撞进行解释,如图 2.15 所示。

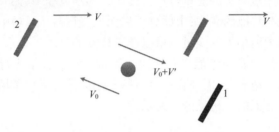

图 2.15 乒乓球的弹性碰撞

在图 2.15 中,物块 1 是固定的,物块 2 以 V 的速度向右水平移动,乒乓球以速度 V_0 与物块 2 进行弹性碰撞后,可获得速度 V',然后再与物块 1 进行弹性碰撞,只改变运动方向,速度不变,继续与连续运动的物块 2 进行碰撞,从而不断地获得速度。图 2.15 中,乒乓球的碰撞原理与图 2.17 中无人飞行器获得速度的原理有异曲同工之妙。

结合第 1 章 1.2.2 节中 Sachs 等人在图 1.16 中对信天翁梯度风动态滑翔获能机理的解释,无人飞行器在梯度风动态滑翔过程中,在逆风爬升、顺风下滑阶段相应的空速、风速地速之间的关系如图 2.16 所示。

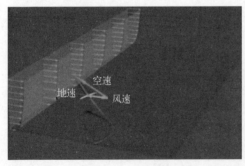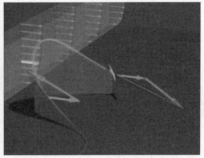

图 2.16 无人飞行器在梯度风滑翔过程中速度矢量变化图

从图 2.16 可以看出,在经历了逆风爬升、高空转弯、顺风下滑之后,初始地速在风速的作用下,其矢量长度增加了,也就是说,地速的大小增加了,这也就形象地解释了梯度风滑翔过程中无人飞行器的获能原理。假设在逆风上升、高空转弯和顺风下滑过程没有能量损耗,无人飞行器地速的增量如图 2.17 所示。

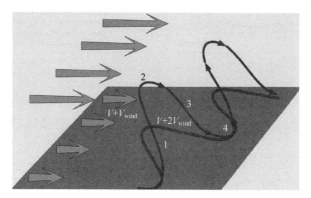

图 2.17　无人飞行器在梯度风滑翔过程中地速的变化

在图 2.17 中,无人飞行器完成逆风爬升后,其地速增量为 $V+V_{wind}$,完成顺风下滑后,其地速变为 $V+2V_{wind}$,也就是说理想状态下,无人飞行器完成一个周期的滑翔之后,能够获得 2 倍的风速。对各阶段的能量获取量将在第 3 章进行详细的论述。

当式(2.30)的取值为 0 的时候,即

$$\dot{E}=0 \tag{2.31}$$

此时无人飞行器从风场中获取能量的功率为 0,由此可推算出风场梯度的临界值,由式(2.31)可得

$$\beta_{\min}=\frac{DV_a}{mV_a^2\sin\gamma\cos\gamma\cos\psi} \tag{2.32}$$

从表面上看,式(2.32)表示了梯度风动态滑翔对风场梯度的最低要求,但只能说明某一特定滑翔航迹对线性风场的要求,应用在本书中的变梯度风场则有局限性,因为本书是从全局的可控和能达的角度进行航迹规划,因此还需要本书下一节的分析,即用解析的方法求解梯度风动态滑翔过程中的相关边界问题。

2.5　梯度风动态滑翔航迹优化方法

对于一般的航迹优化控制问题,可以表述成以下形式[132,133]:

$$\max_{u\in(PWC[t_0,t_f])^m} J[x(t_0),x(t_f)] \tag{2.33}$$

所对应的动力学模型为

$$\dot{x}(t) = f[x(t), u(t)] \quad \forall t \in [t_0, t_f] \tag{2.34}$$

相应的边界条件可表述为

$$\psi[x(t_0), x(t_f)] = 0 \tag{2.35}$$

控制约束条件可表述为

$$\begin{cases} g[x(t), u(t)] = 0 & \forall t \in [t_0, t_f] \\ h[x(t), u(t)] \leq 0 & \forall t \in [t_0, t_f] \end{cases} \tag{2.36}$$

在式(2.33)~式(2.36)中, $t \in \mathbf{R}, x(t) \in \mathbf{R}^n, u(t) \in \mathbf{R}^m$ 分别表示时间、状态向量和控制向量。$(PWC[t_0, t_f])^m$ 表示时间间隔 $[t_0, t_f]$ 之间的所有分段连续函数。

对于式(2.33)的求解一般采用近似数值法,将区间 $[t_0, t_f]$ 分成 $N+1$ 个区间点,即 $t_0, t_1, t_2, \cdots, t_{N-1}, t_f$。相应的,各个时间点所对应的状态变量为

$$X = [x_0, x_1, x \cdots x_N] \in \mathbf{R}^{(N+1) \cdot n} \tag{2.37}$$

从而,式(2.33)~式(2.36)可以写成

$$\max_{X \in \mathbf{R}^{(N+1) \cdot n}} J(x_0, x_N) \tag{2.38}$$

所对应的动力学模型为

$$\psi(x_0, x_N) = 0 \tag{2.39}$$

在允许的控制边界范围内,状态变量 x 的变化率 $\dot{x}$ 可以通过速度函数 $S(x)$ 表示[134]:

$$S(x) = \{\dot{x} \in \mathbf{R}^n \mid \dot{x} = f(x, u), u \in \Omega(x)\} \tag{2.40}$$

式中: $\Omega(x)$ 表示所有边界范围内的控制变量,即

$$\Omega(x) = \{u \in \mathbf{R}^m \mid g(x, u) = 0, h(x, u) \leq 0\} \tag{2.41}$$

假设 Δt 是区间 $[t_0, t_f]$ 分成 $N+1$ 个区间点后的第一个小区间,则有 $t_1 = t_0 + \Delta t$,则在能控的范围内,时间点 t_1 的状态向量的可达性用一个可达函数表示为

$$\mathbf{K}(t_0, x_0; t_1) = \{x \in \mathbf{R}^n \mid x = x_0 + \Delta t \cdot S(x_0)\} \tag{2.42}$$

也就是说,状态变量 x_1 是可达函数 $\mathbf{K}(t_0, x_0; t_1)$ 的一个子集

$$x_1 \in \mathbf{K}(t_0, x_0; t_1) \tag{2.43}$$

同理,区间 $[t_0, t_f]$ 任一时间点 t_{i+1} 所对应的状态变量 x_{i+1} 可表示为

$$x_{i+1} \in \{x \in \mathbf{R}^n \mid x = x_i + \Delta t \cdot S(x_i)\} \tag{2.44}$$

式(2.44)的图解表示如图2.18所示,从初始点出发,在求解下一个状态点时,先确定下一个状态点的范围,如图2.18中的椭圆形区域所示,在状态点的范围内找出符合优化目标最优的状态点,在此状态点的基础上继续下一个状态点的求解。依次类推,可以求解出整个优化过程的状态量变化曲线。

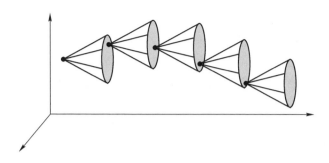

图 2.18　最优航迹求解中相邻状态点的包含关系图

通过最优目标函数式(2.38)、模型约束式(2.39)和状态变量函数集的计算求解,可近似求解出最优控制问题的状态解集。

对于上述提出的航迹优化方法,可以采用 NPSOT (Nonlinear Programming for Direct Optimization of Trajectory)的工具包进行计算求解。NPSOT 是由美国斯坦福大学系统优化实验室首次发布的, 在 MATLAB 中的工具包名为 NPSOL[110]。NPSOL 需要提供输入矩阵 A 和预测函数 P。首先对 P 采用有限差分的方法进行第一次求导,可以得出 P 的估计矩阵 $C(P)$,这样可以大大简化航迹相邻节点处计算误差的处理难度,其雅可比行列式的带状结构如图 2.19 所示。

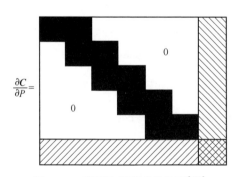

图 2.19　雅可比行列式结构图[133]

为了对优化问题进行更精确的求解,需要对求解过程进行一些处理。关键的处理步骤包括问题的标度、求偏导、数据平滑处理、节点的选择和节点的处理。对于最优控制问题,其状态变量和输入变量可标度为

$$x_s(t) = [x(t) - x_N(t)]/S_x(t) \qquad (2.45)$$

式中:x_N 是航迹点,S_x 是 $x - x_N$ 的上界估计值。

时间点可以标度为

$$T_s = T/S_T \tag{2.46}$$

式中：S_T 是时间 T 的上界估计值。

对于航迹优化问题，一般采用有限差分法进行计算求解。所获得的计算数据的平顺性取决于节点之间的间距，因此在计算空间航迹时，必须设置足够多的节点，从而使获得的航迹比较平顺。在下文的梯度风动态滑翔的航迹优化计算中，也是在这一求解思想下完成的，其计算的细节也将在具体的优化计算中进行详细阐述。

2.6　梯度风动态滑翔中边界问题分析

一架无人飞行器在梯度风场中飞行，在大地坐标系下，其空速 V_a 与坐标轴之间的关系如图 2.20 所示。

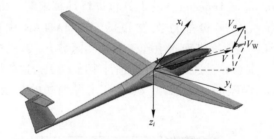

图 2.20　大地坐标系下中无人飞行器的空速(V_a)、
地速(V)和风速(V_W)之间的关系

在大地坐标系下的运动学方程可以表示为

$$
\begin{cases}
\dfrac{\mathrm{d}u}{\mathrm{d}t} = -\cos\gamma\cos\psi\,\dfrac{D}{m} - (\cos\varphi\sin\gamma\cos\psi + \sin\varphi\sin\psi)\dfrac{L}{m} \\[2mm]
\dfrac{\mathrm{d}v}{\mathrm{d}t} = -\cos\gamma\sin\psi\,\dfrac{D}{m} - (\cos\varphi\sin\gamma\sin\psi - \sin\varphi\cos\psi)\dfrac{L}{m} \\[2mm]
\dfrac{\mathrm{d}w}{\mathrm{d}t} = \sin\gamma\,\dfrac{D}{m} - \cos\varphi\cos\gamma\,\dfrac{L}{m} + g \\[2mm]
\dfrac{\mathrm{d}x_i}{\mathrm{d}t} = u \\[2mm]
\dfrac{\mathrm{d}y_i}{\mathrm{d}t} = v \\[2mm]
\dfrac{\mathrm{d}z_i}{\mathrm{d}t} = w
\end{cases}
\tag{2.47}
$$

式中:u、v、w 分别是空速 V_a 在坐标轴 x_i、y_i、z_i 方向的速度分量,L 是升力,D 是阻力,γ 是航迹角,ψ 是航向角,φ 是滚转角。

按照庞特里亚金(Pontryagin)极小值原理,设定哈密顿(Hamilton)函数,求解正则方程、边界条件、极小值条件,可获得该问题的最优解的必要性条件[73,135]。对于哈密顿函数,其解释为:只要知道体系内的动能和所受的广义力,就可以写出体系的动力学方程。H 是 p、q、t 的函数,表征体系的状态。哈密顿原理:一个具有 s 个自由度的体系,它的运动由 s 个广义坐标 $q_\alpha(t)$ 来描述,在体系的 s 维位形空间中,这 s 个广义坐标的值确定体系的一个位形点,随着时间的变动,位形点在位形空间描绘出体系的运动轨迹。因为有多条运动轨迹,通过调节拉格朗日算子(Lagrange Multipliers),获得适合最优化目标的轨迹。拉格朗日函数是 $\dot{q}_\alpha$、q_α 和 t 的函数:$L = L(\dot{q}_\alpha, q_\alpha, t)$,它的全微分为

$$\mathrm{d}L = \sum_{\alpha=1}^{s} \frac{\partial L}{\partial \dot{q}_\alpha} \mathrm{d}\dot{q}_\alpha + \sum_{\alpha=1}^{s} \frac{\partial L}{\partial q_\alpha} \mathrm{d}q_\alpha + \frac{\partial L}{\partial t} \mathrm{d}t \tag{2.48}$$

将广义动量方程(2.49)和拉格朗日方程(2.50)

$$p_\alpha = \frac{\partial L}{\partial \dot{q}_\alpha} \tag{2.49}$$

$$\frac{\mathrm{d}}{\mathrm{d}t} \frac{\partial L}{\partial \dot{q}_\alpha} - \frac{\partial L}{\partial q_\alpha} = 0 \tag{2.50}$$

代入式(2.48),得

$$\mathrm{d}\left(\sum_{\alpha=1}^{s} p_\alpha \dot{q}_\alpha - L \right) = \sum_{\alpha=1}^{s} \dot{q}_\alpha \mathrm{d}q_\alpha - \sum_{\alpha=1}^{s} \dot{p}_\alpha \mathrm{d}q_\alpha - \frac{\partial L}{\partial t} \mathrm{d}t \tag{2.51}$$

式(2.51)中,

$$h = \sum_{\alpha=1}^{s} p_\alpha \dot{q}_\alpha - L = H(p,q,t) \tag{2.52}$$

由 $p_\alpha = \frac{\partial L}{\partial \dot{q}_\alpha} = p_\alpha(q,\dot{q},t)$ 可以解出 $\dot{q}_\alpha = \dot{q}_\alpha(p,q,t)$,故 H 是 p、q、t 的函数,表示体系的状态,称为哈密顿函数。

由哈密顿函数结合前述方程(2.47),可得

$$H = \frac{\mathrm{d}u}{\mathrm{d}t}\lambda_u + \frac{\mathrm{d}v}{\mathrm{d}t}\lambda_v + \frac{\mathrm{d}w}{\mathrm{d}t}\lambda_w + \frac{\mathrm{d}x}{\mathrm{d}t}\lambda_x + \frac{\mathrm{d}y}{\mathrm{d}t}\lambda_y + \frac{\mathrm{d}z}{\mathrm{d}t}\lambda_z \tag{2.53}$$

式中:$\lambda = (\lambda_u, \lambda_v, \lambda_w, \lambda_x, \lambda_y, \lambda_z)^\mathrm{T}$ 是拉格朗日乘子。

由上述方程(2.53)对时间求导可得关于 x_i 方向速度的协状态方程:

$$\frac{\mathrm{d}\lambda_u}{\mathrm{d}t} = -\frac{\partial H}{\partial u} = \frac{\partial}{\partial u}\left[\left(D\cos\gamma\cos\psi + L\cos\mu\sin\gamma\cos\psi + L\sin\mu\sin\psi \right)\frac{\lambda_u}{m} \right.$$

$$+ \left(D\cos\gamma\sin\psi + L\cos\mu\sin\gamma\sin\psi - L\sin\mu\cos\psi \right)\frac{\lambda_v}{m} \qquad (2.54)$$

$$\left. + \left(L\cos\mu\cos\gamma - D\sin\gamma \right)\frac{\lambda_w}{m} \right] - \lambda_x$$

关于 y_i 方向速度的协状态方程:

$$\frac{\mathrm{d}\lambda_v}{\mathrm{d}t} = -\frac{\partial H}{\partial v} = \frac{\partial}{\partial v}\left[\left(D\cos\gamma\cos\psi + L\cos\mu\sin\gamma\cos\psi + L\sin\mu\sin\psi \right)\frac{\lambda_u}{m} \right.$$

$$+ \left(D\cos\gamma\sin\psi + L\cos\mu\sin\gamma\sin\psi - L\sin\mu\cos\psi \right)\frac{\lambda_v}{m} \qquad (2.55)$$

$$\left. + \left(L\cos\mu\cos\gamma - D\sin\gamma \right)\frac{\lambda_w}{m} \right] - \lambda_y$$

关于 z_i 方向速度的协状态方程:

$$\frac{\mathrm{d}\lambda_w}{\mathrm{d}t} = -\frac{\partial H}{\partial w} = \frac{\partial}{\partial w}\left[\left(D\cos\gamma\cos\psi + L\cos\mu\sin\gamma\cos\psi + L\sin\mu\sin\psi \right)\frac{\lambda_u}{m} \right.$$

$$+ \left(D\cos\gamma\sin\psi + L\cos\mu\sin\gamma\sin\psi - L\sin\mu\cos\psi \right)\frac{\lambda_v}{m} \qquad (2.56)$$

$$\left. + \left(L\cos\mu\cos\gamma - D\sin\gamma \right)\frac{\lambda_w}{m} \right] - \lambda_z$$

关于位置 x_i, y_i, z_i 位置变化的协状态方程分别为

$$\frac{\mathrm{d}\lambda_x}{\mathrm{d}t} = 0 \qquad (2.57)$$

$$\frac{\mathrm{d}\lambda_y}{\mathrm{d}t} = 0 \qquad (2.58)$$

$$\frac{\mathrm{d}\lambda_z}{\mathrm{d}t} = -\frac{\partial H}{\partial V_w}\frac{\mathrm{d}V_w}{\mathrm{d}z} = \frac{\partial}{\partial V_w}\left[\left(D\cos\gamma\cos\psi + L\cos\mu\sin\gamma\cos\psi + L\sin\mu\sin\psi \right)\frac{\lambda_u}{m} \right.$$

$$+ \left(D\cos\gamma\sin\psi + L\cos\mu\sin\gamma\sin\psi - L\sin\mu\cos\psi \right)\frac{\lambda_v}{m} \qquad (2.59)$$

$$\left. + \left(L\cos\mu\cos\gamma - D\sin\gamma \right)\frac{\lambda_w}{m} \right]\frac{\mathrm{d}V_w}{\mathrm{d}z}$$

由上述式 (2.59) 可得出: $\dfrac{\mathrm{d}\lambda_z}{\mathrm{d}t} \neq 0$,可以假设 $\dfrac{\mathrm{d}\lambda_z}{\mathrm{d}t}$ 为梯度风场滑翔时某一特定

的值。假设：$\dfrac{\mathrm{d}\lambda_z}{\mathrm{d}t}=\varepsilon$。则：

$$\frac{\varepsilon}{\dfrac{\mathrm{d}V_w}{\mathrm{d}z}}=\frac{\partial}{\partial V_w}\left[\left(D\cos\gamma\cos\psi+L\cos\mu\sin\gamma\cos\psi+L\sin\mu\sin\psi\right)\frac{\lambda_u}{m}\right.$$

$$+\left(D\cos\gamma\sin\psi+L\cos\mu\sin\gamma\sin\psi-L\sin\mu\cos\psi\right)\frac{\lambda_v}{m} \qquad (2.60)$$

$$\left.+\left(L\cos\mu\cos\gamma-D\sin\gamma\right)\frac{\lambda_w}{m}\right]$$

由式(2.60)可以看出,在最优化过程中,ε 是常数,风场梯度 $\dfrac{\mathrm{d}V_w}{\mathrm{d}z}$ 与飞机的
结构参数翼载(m/S)存在正相关,与方程(2.32)所获得结论不一致,说明变风
场的滑翔与线性风场滑翔对飞行器的要求是不同的。

因为动态滑翔是周期性的,所以可以获得以下边界条件:

$$\begin{cases}\lambda_u(t_0)=\lambda_u(t_f)\\ \lambda_v(t_0)=\lambda_v(t_f)\\ \lambda_w(t_0)=\lambda_w(t_f)\end{cases} \qquad (2.61)$$

为了减少动力学系统的性能判据标准,可以设置[78]:

$$\lambda_x(t_f)=\lambda_y(t_f)=0,\lambda_z(t_f)=-1 \qquad (2.62)$$

此外,在计算最优航迹的周期时,其周期的时长应是确定的,梯度风也是不随时
间的变化而变化的,因此,还需满足:

$$\begin{cases}\dfrac{\mathrm{d}t_f}{\mathrm{d}t}=0\\[3mm] \dfrac{\mathrm{d}}{\mathrm{d}t}\left(\dfrac{\mathrm{d}V_W}{\mathrm{d}z}\right)=0\end{cases} \qquad (2.63)$$

由于本书中动力学模型没有推力的输入,基本属于自主控制模型,而且整
个运动周期的长短不受限制,因此,哈密顿函数 $H=0$。同时由哈密顿函数的极
值条件,可以求出控制输入变量$[C_L,\mu]$的极值条件。

由公式 $\partial H/\partial\mu=0$,可以求出最优的偏航角:

$$(\tan\mu)_{\mathrm{opt}}=\frac{\lambda_u\sin\psi-\lambda_v\cos\psi}{\lambda_u\sin\gamma\cos\psi+\lambda_v\sin\gamma\sin\psi+\lambda_w\cos\gamma} \qquad (2.64)$$

同样,由公式 $\partial H/\partial C_L=0$,可以求出最优的升力系数:

$$(C_L)_{\text{opt}} = -\frac{\pi ARe}{2}\left[\frac{\lambda_u(\cos\mu\sin\gamma\sin\psi - \sin\mu\cos\psi)}{\lambda_u\cos\gamma\cos\psi + \lambda_v\cos\gamma\sin\psi - \lambda_w\sin\gamma}\right.$$
$$\left. + \frac{\lambda_v(\cos\mu\sin\gamma\sin\psi - \sin\mu\cos\psi) + \lambda_w\cos\mu\cos\gamma}{\lambda_u\cos\gamma\cos\psi + \lambda_v\cos\gamma\sin\psi - \lambda_w\sin\gamma}\right] \tag{2.65}$$

在自然界中,存在梯度风场的空间高度一般是有限的。根据观测数据,可利用的梯度风场高度一般是 100m 左右。改变飞机的翼载荷,求得满足方程(2.60)时相应的最小梯度风值。如图 2.21 所示:用散点法求得各个翼载荷与最小梯度风之间的关系,(此时飞行器的最大升阻比是固定的 21)。我们所使用的飞机一般翼载荷都在 9kg/m^2 左右,所要求的最小梯度风约是 0.053。

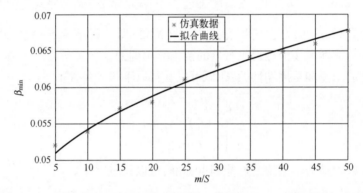

图 2.21　梯度风动态滑翔过程中所需的最小梯度风 $\beta_{\min}$ 与翼载荷之间的关系

由图 2.21 曲线中可看出,最小梯度风与翼载荷之间存在有一定的函数关系:

$$\frac{\mathrm{d}V_W}{\mathrm{d}z_{\min}} = \beta_{\min} \sim \sqrt{\frac{m}{S}} \tag{2.66}$$

由式(2.60),最小梯度风还与无人飞行器在飞行过程中的状态输出变量相关,因此对无人飞行器结构设计而言,可由图 2.21 和式(2.65)进行大致求解。风场梯度固定的时候,翼载荷 m/S 与升阻比 E 之间的关系曲线如图 2.22 所示。

由图 2.22 可看出,翼载荷 m/S 与升阻比之间的存在线性的函数关系:

$$m/S \sim E \tag{2.67}$$

此外,图 2.22 体现了在风场梯度一定的情况下,飞行器的翼载越大,其升阻比则要求越高,符合一般飞行器正常飞行的要求。

最小梯度风与升阻比之间的关系曲线如图 2.23 所示。

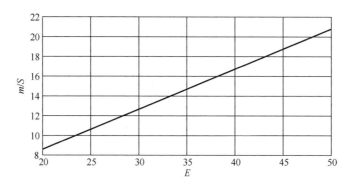

图 2.22 梯度风固定($\beta = 0.1$),翼载荷与最大升阻比之间的关系

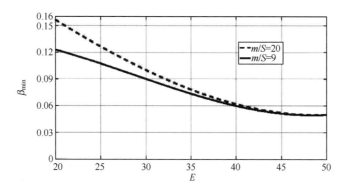

图 2.23 最小梯度风与升阻比之间的关系曲线

由式(2.60)可以看出,飞行器的翼载荷越大,最小梯度风也相应的更高。如果梯度风场的梯度大小有限制,可以选择一个最优的翼载荷。在图 2.23 中,随着飞行器升阻比的不断增高,对风场最小梯度的要求越来越低,但是,最后即使升阻比超过了 50,也还是要求有梯度存在,结合图 2.12,风场梯度随着高度的增加,其梯度值越来越小。这就说明,梯度风动态滑翔的最高飞行高度是有限制的,超过了一定的高度,即使飞行器的气动性能再好,也将难以获取足够的能量维持正常的动态滑翔。因此,在航迹优化的约束条件中,需设置相应的高度约束,或通过其他约束来反映高度约束。高度约束可表示为

$$G(h) = h_{\min} - h \leqslant 0 \qquad (2.68)$$

对于类似的梯度风动态滑翔边界条件的分析中,有相关的文献进行了分析,见参考文献[131]分析了持续的爬升对风场梯度的要求。如图 2.24 所示,一架正在风场中持续爬升的飞行器,质量 m,空速 V 与水平方向的夹角为 α,重力 mg 在飞行航迹方向的分量是 $mg\sin\alpha$,给飞行器增加了一个加速度 $g\sin\alpha$,其中 g 是重力加速度。另一方面,如果风速 V_w 是随着高度 h 的增加而增加,如具

备某一函数关系：$V_w = f(h)$。那么，这个风场的梯度是（dV_w/dh），空速在垂直方向的速度分量是 $V\sin\alpha$，这个方向的速度变化可以看作是由于风场梯度引起的。如果空速要保持原有状态，必须满足：

$$g\sin\alpha \leqslant (V\sin\alpha)(dV_w/dh) \tag{2.69}$$

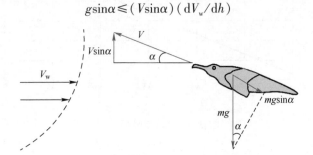

图 2.24　信天翁在爬升过程中的示意图

上述分析较为简单直观，在验证信天翁滑翔的观测数据上满足一定的规律，但是在理论研究上难以找到对应的理论支撑，因此这个研究结论只可作为参考，不可作为依据。

2.7　本章小结

本章主要论述了梯度风动态滑翔的运动机理和运动特性，包括以下相关内容：

（1）建立了对数型的梯度风场模型，为下文的论述建立了精确的风场数学模型。

（2）结合飞行器的动力学模型，对梯度风动态滑翔过程中的能量转化机理进行了细致的解释，由能量转化方程分析了梯度风滑翔过程中的获能条件。对下文中将用到的航迹优化计算原理也进行了详细的阐述。

（3）引入哈密顿函数分析了梯度风动态滑翔过程中的边界条件，即在梯度风场环境下，应用求极值原理，分析了风场梯度与飞行器翼载荷之间的关系、风场梯度与升阻比之间的关系以及在梯度风动态滑翔过程中翼载荷与升阻比之间的关系。同时可以由哈密顿函数的极值条件，求出控制输入变量 $[C_L, \mu]$ 的极值条件。本章节的分析结论为下文的分析提供了铺垫。

第3章 梯度风动态滑翔的航迹方向范围分析

观测数据表明,不同的信天翁动态滑翔的方式、飞行方向与风场方向的夹角各不相同,即在梯度风场中进行动态滑翔的切入角随信天翁自身参数的变化而不同。受此种现象的启发,本章综合研究飞行器在已探知风场中进行动态滑翔过程中,一个滑翔周期内飞行器的速度、高度、前进的距离和飞行器飞行方向与风场方向之间所形成的切入角大小,以及飞行器升力系数和升阻比等参数的变化情况;分析出飞行器动态滑翔的切入角与风场中能量利用的关系,进一步确定飞行器在已知梯度风场中能量利用效率为零时的切入角,即最大切入角,为梯度风场中对梯度风能的利用建立动态滑翔的基础。

本章内容中仿真采用了三自由度下的动力学方程进行计算,而且对梯度风场进行了分解,以简化计算。为研究飞行器动态滑翔过程中的获能机理,滑翔的航迹进行了分段分析,而动态滑翔的飞行范围转化成了切入角进行计算,切入角被当成动态滑翔航迹优化的初始限制条件。通过仿真计算,动态滑翔过程中,对能量的获取/损失与切入角之间的关系进行了总结。接下来,重点分析了三个典型的切入角所对应的动态滑翔航迹,以及各航迹所对应的空速、姿态角和能量变化趋势等。所有的这些结论对研究动态滑翔的航迹方向范围以及验证相关的控制方法都有十分重要的意义。

3.1 梯度风动态滑翔航迹与能量获取关系

梯度风动态滑翔的航迹与其能量获取的效率息息相关,在同一梯度风场中,不同的航迹其能量获取量各不相同,因此结合航迹分析能量变化是本章节的主要研究方法。

3.1.1 梯度风动态滑翔航迹的特点

为了进一步了解动态滑翔过程中的能量获取机理,这里采用了对动态滑翔航迹进行分段分析的方法。分段分析的方法是受 Bonnin 和 Toomer 的相关研究

方法的启发,在他们的文章[97]中,采用优化能量系数的方法获得最优滑翔航迹,其优化问题用数学公式表示为

$$f = \frac{E_{\text{tot}}(\text{final})}{E_{\text{tot}}(\text{initial})} = \frac{mgz_{\text{final}} + \frac{1}{2}mV_{\text{final}}^2}{mgz_{\text{final}} + \frac{1}{2}mV_{\text{initial}}^2} \qquad (3.1)$$

求解

$$\max f \qquad (3.2)$$

由式(3.1)和式(3.2)获得最优的无动力滑翔航迹,如图 3.1 所示。

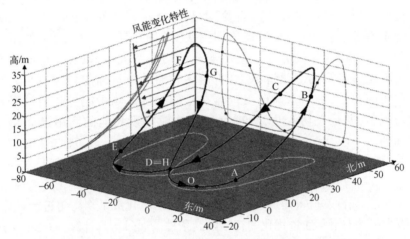

图 3.1   梯度风动态滑翔中能量闭环的最优航迹分段[97]

在图 3.1 中,最优的梯度风动态滑翔能量闭环航迹一共由 8 小段组成。无人飞行器从最低点 O 点起飞,然后调整方向开始逆风爬升,AB 段为逆风爬升,BC 段为高空转弯,CD 段为顺风下滑,DE 段为低空转弯,EF 段为逆风爬升,FG 段为高空转弯,GH 段为顺风下滑,再低空转弯至 O 点,一个周期的梯度风动态滑翔就完成了,各段的空速、地速以及风速的变化如图 3.2 所示。

之所以采用分段分析的方法,是因为各个阶段的风速、空速和地速的变化都各有特色,与相应的分段航迹变化紧密相关。在逆风爬升阶段,无人飞行器的地速和空速随着高度的增加而减小,风速随高度的增加而增加,表面上看此过程中的阻力和重力都是做负功,如果只有三个作用力作用于无人飞行器,则升力肯定是做正功;在高空转弯阶段,无人飞行器在一定的飞行高度转弯掉头,此过程无人飞行器的空速和地速都会降低到最小值,

如图 3.2 所示,此时无人飞行器的高度不能再上升了;在顺风下滑阶段,无人飞行器的地速、空速增加,此过程中无人飞行器也能够从风场中获取能量;在低空转弯阶段,无人飞行器在近地面掉头转弯,此过程中的空速变化不是很明显,而地速减小得较快,此过程损失能量较大,但是由于空速的变化不大,说明仍有足够的升力维持正常的飞行,低空转弯过后,无人飞行器开始下一个周期的飞行。

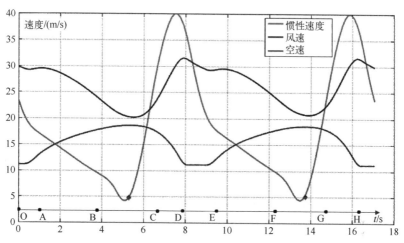

图 3.2　梯度风动态滑翔最优航迹各段的空速、地速及风速的变化[97]

在本书中,根据所需要研究的信天翁梯度风动态滑翔航迹的特点,如图 3.3 所示,信天翁的梯度风动态滑翔航迹是开环的航迹。结合前述 Bonnin 和 Toomer 对闭环梯度风动态滑翔航迹分段分析的原理,将一个周期的梯度风动态滑翔开环航迹分成了 4 部分,如图 3.4 所示:无人飞行器从初始点 A 点出发,飞入梯度风场后,在 AB 段是逆风爬升;在 BC 段为高空转弯;之后在 CD 段为顺风下滑;最后进行低空转弯,如 DE 段。

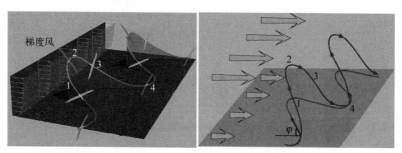

图 3.3　信天翁在海面进行梯度风动态滑翔的航迹图(见彩图)

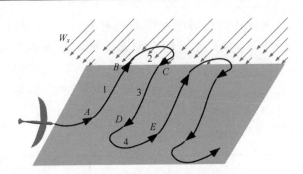

图 3.4　梯度风动态滑翔航迹分段分析示意图

3.1.2　梯度风动态滑翔航迹方向角分析

根据图 3.3 可看出在逆风爬升的过程中,信天翁的飞行方向并不与风向平行,而是呈一定的夹角,即梯度风动态滑翔的切入角,切入角的大小正是本节所需讨论的梯度风动态滑翔航迹的方向范围,下文重点对切入角展开讨论。为了简化计算,我们将梯度风场进行分解,如图 3.5 所示。一个分量的方向与无人飞行器逆风爬升的方向平行,另一个分量的方向与无人飞行器顺风下滑的方向平行,这样有利于分析滑翔过程中风速、地速和空速之间的换算。

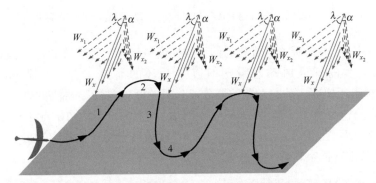

图 3.5　梯度风场方向分解空间示意图

在本章节中,无人飞行器的航向与风向之间的夹角称为切入角,如图 3.5 和图 3.6 所示,λ 即切入角。W_{x_1} 是与无人飞行器逆风爬升时方向平行的风场分量,W_{x_2} 是与无人飞行器顺风下滑时方向相平行的风场分量。W_{x_1} 和 W_{x_2} 的大小可由方程(3.3)计算得到。在这种情况下,无人飞行器在高空转弯过程中所转过的角度是 $\pi - \lambda - \alpha$,而在低空转弯所转过的角度则是 $\lambda + \alpha$。这两个角度的选择主要取决于动态滑翔过程中滑翔航迹与能量获取之间的关系。

$$\begin{cases} W_{x_1} = W_x \cos\lambda & (0 \leqslant \lambda \leqslant \pi/2) \\ W_{x_2} = W_x \cos\alpha & (0 \leqslant \alpha \leqslant \pi/2) \end{cases} \tag{3.3}$$

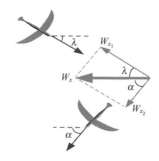

图 3.6 梯度风场方向分解在水平面投影示意图

3.1.3 梯度风动态滑翔航迹的分段分析

如图 3.4 所示的航迹 AB 段，无人飞行器是逆风爬升，在这个风场区间中，梯度风最强，随着飞行高度的增加，无人飞行器的空速逐渐减小。从表面上来看，空速逐渐减小，升力也会随着减小，最终会影响正常飞行，但是在此过程中，可通过调节姿态角和升力系数以保证无人飞行器能够有足够的升力维持其正常的飞行。

根据第 2 章对梯度风动态滑翔中无人飞行器的动力学建模分析，在飞行过程中，维持正常飞行的升力是通过空速进行计算的，因此无人飞行器的动能也可通过空速进行计算。在初始起飞点 A 处，无人飞行器的初始动能可表示为

$$E_1 = \frac{1}{2}mV_{a,1}^2 \tag{3.4}$$

式中：E_1 代表无人飞行器的初始动能，$V_{a,1}$ 是初始空速，在滑翔的初始点，无人飞行器的势能可被视作为 0。

随着飞行高度的增加，无人飞行器的机械能变化可表示为

$$E_2 = \frac{1}{2}mV_{a,2}^2 + mgh \tag{3.5}$$

式中：h 是飞行高度，$V_{a,2}$ 是在高度为 h 时的空速。

整个过程的机械能变化量为

$$\Delta E_1 = \frac{1}{2}mV_{a,2}^2 + mgh - \frac{1}{2}mV_{a,1}^2 \tag{3.6}$$

式 (3.6) 对时间 t 求导数，可获得功率：

$$P_1 = mV_a\dot{V}_a - mg\dot{z}_i \tag{3.7}$$

式(3.7)中，$\dot{V}_a$、$\dot{z}_i$的表达式可分别由第2章中的式(2.38)、式(2.40)获得，此处同样假设风速在坐标轴y、z方向的速度分量$W_y = W_z = 0$，而在x方向的分量W_x则按前述风场建模中的对数模型进行计算，即$W_x = U(z)$。结合式(2.38)、式(2.28)、式(3.7)，可得

$$P_1 = -DV_a + mV_a^2\left(\frac{\mathrm{d}W_x}{\mathrm{d}z_i}\cos\lambda\right)\sin\gamma\cos\gamma\cos\psi \tag{3.8}$$

在式(3.8)中，如果$P_1>0$，则无人飞行器从风场中获取了能量，如果$P_1<0$，则无人飞行器在逆风爬升过程中损失了能量。而且从式(3.8)还可看出，存在有与梯度风相关的项$\dfrac{\mathrm{d}W_x}{\mathrm{d}z_i}\cos\lambda$，如果这个公式的值越大，则说明无人飞行器能够从风场中获取更多的能量。

在航迹BC段，无人飞行器是进行了高空转弯。从上往下俯视水平面，三维的动态滑翔航迹可以在水平面上被投影成二维的航迹，如图3.7所示。高空转弯的二维航迹近似于半圆航迹，假设其圆周半径为R。

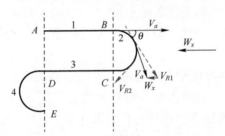

图3.7　梯度风动态滑翔的水平面投影航迹示意图

在图3.6和图3.7所示中，假设进行高空转弯时的初始速度是V_{R1}，当转弯转过了λ角时，无人飞行器转弯的速度变为V_{R2}。在转弯的过程中，将风速纳入考虑范围。那么在点B和点C，无人飞行器的实际空速则是

$$\begin{cases} \boldsymbol{V}_{B,a} = \boldsymbol{V}_{R1} + W_x\cos\lambda \\ \boldsymbol{V}_{C,a} = \boldsymbol{V}_{R2} - W_x\cos\alpha \end{cases} \tag{3.9}$$

高空转弯过程中动能的变化可表示为

$$\Delta E_2 = \frac{1}{2}m\left[(\boldsymbol{V}_{C,a})^2 - (\boldsymbol{V}_{B,a})^2\right] = \frac{1}{2}m\left[(\boldsymbol{V}_{R2} - W_x\cos\alpha)^2 - (\boldsymbol{V}_{R1} + W_x\cos\lambda)^2\right]$$

$$\tag{3.10}$$

式(3.10)也可被写作为

$$\Delta E_2 = \frac{1}{2} m (V_{R2}^2 - V_{R1}^2) - m (V_{R2}\cos\alpha + V_{R1}\cos\lambda) W_x + \frac{1}{2} W_x^2 (\cos^2\alpha - \cos^2\lambda) \quad (3.11)$$

在高空转弯过程中,由向心力所做的功可表示为

$$W_{B,C} = \int_{t_B}^{tc} F W_x \sin\theta \mathrm{d}t = \int_{t_B}^{tc} m \frac{V_R^2}{R} W_x \sin\theta \mathrm{d}t \quad (3.12)$$

式中:θ 是转弯过程中所转过的角度。

令 $\theta = \omega t$,ω 是转弯角速度,可表述为

$$\omega = \frac{V_R}{R} \quad (3.13)$$

则有

$$\mathrm{d}t = \frac{\mathrm{d}\theta}{\omega} = \frac{R}{V_R}\mathrm{d}\theta \quad (3.14)$$

所以

$$W_{B,C} = \int_0^{\pi/2-\lambda} m V_{R1} W_x \sin\theta \mathrm{d}\theta + \int_0^{\pi-\lambda-\alpha} m V_{R2} W_x \sin\theta \mathrm{d}\theta$$
$$= m W_x [V_{R1} - V_{R1}\sin\lambda + V_{R2}\sin\lambda + V_{R2}\cos(\lambda + \alpha)] \quad (3.15)$$

从式(3.15)可看出,如果无人飞行器是以某一固定的圆周速度转弯,假设是以 V_{R1} 转弯飞行,那么,由向心力所做的功则可表示为

$$W'_{B,C} = m W_x V_{R1} [1 + \cos(\lambda + \alpha)] \quad (3.16)$$

在图 3.5 所示的航迹中,如果无人飞行器的飞行方向与风向是平行,即 $\lambda = \alpha = 0°$,那么由式(3.17)得,向心力所做的功则是 $2 m W_x V_{R1}$。在这种情况下,从式(3.11)可看出,高空转弯过程中的能量变化 $\Delta E_2 = -2 m W_x V_{R1}$,即高空转弯过程中,是向心力导致了能量的变化。所以高空转弯过程的能量变化率可表述为

$$P_2 = \dot{W}_{B,C} \quad (3.17)$$

由于存在有速度变化和切入角,由 V_{R1},V_{R2},λ 和 α 所导致的能量差异可用下式进行计算

$$W_{V_{R1},V_{R2},\lambda,\alpha} = 2 m W_x V_{R1} - W_{B,C}$$
$$= m W_x [V_{R1} + (V_{R1} - V_{R2})\sin\lambda - V_{R2}\cos(\lambda+\alpha)] \quad (3.18)$$

从式(3.18)可看出,转弯过程中速度的差异和切入角,对高空转弯过程中减小能量的损失影响很大。

航迹 CD 与航迹 AB 类似。无人飞行器顺风下滑的风场梯度也是最强的。随着无人飞行器高度的减小,其空速逐渐增加,地速的方向与风速相同,则无人飞行器的空速可表示为:$V_a = V_g - W_{x(Z)}$,其中 V_g 是地速,$W_{x(Z)}$ 是与高度相关的风速。随着高度的减小,地速增加,风速减小,所以相对于没有梯度风场的飞行环

境而言,无人飞行器的空速增加的更快。如果无人飞行器在顺风下滑的初始点的能量是 E_3,E_3 可表示为

$$E_3 = \frac{1}{2}mV_{a,3}^2 + mgh_3 \tag{3.19}$$

式中:$V_{a,3}$ 是顺风下滑的初始空速。

随着无人飞行器飞行高度的减小,其能量随高度变化可表示为

$$E_3' = \frac{1}{2}mV_{a,3}'^2 + mgh_3' \tag{3.20}$$

式中:$V_{a,3}'$ 为飞行高度为 h_3' 时无人飞行器的空速。顺风下滑过程中能量的变化量可表示为

$$\Delta E_3 = \frac{1}{2}mV_{a,3}'^2 + mgh_3' - \frac{1}{2}mV_{a,3}^2 - mgh_3 \tag{3.21}$$

式(3.21)对时间求导,可得出功率表达式:

$$P_3 = mV_{a,3}'\dot{V}_{a,3}' + mg\dot{z}_i \tag{3.22}$$

结合公式第 2 章中的式(2.26)、式(2.28)和上式(3.22)有

$$P_3 = -DV_{a,3}' - 2mgV_{a,3}'\sin\gamma + mV_{a,3}'^2\left(\frac{\mathrm{d}W_x}{\mathrm{d}z_i}\cos\alpha\right)\sin\gamma\cos\gamma\cos\psi \tag{3.23}$$

从式(3.23)可看出,与逆风爬升类似,如果 $P_3 > 0$,则无人飞行器能够从风场中获取能量,如果 $P_3 < 0$,则损失能量。与梯度风相关的计算项 $\left(\dfrac{\mathrm{d}W_x}{\mathrm{d}z_i}\cos\alpha\right)$ 越大,从梯度风场中获取的能量越多。

在航迹 DE 中,无人飞行器进行低空转弯。从风场模型来看,在低空中,风场几乎是静态的,因此在此转弯过程中可假设:$W_x = 0\mathrm{m/s}$。此过程中阻力(D)会导致能量的损失。低空转弯过程中,无人飞行器的受力分析如图 3.8 所示。

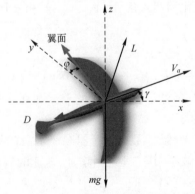

图 3.8　低空转弯时无人飞行器的受力分析图

在图 3.8 所示中,φ 是滚转角,γ 是飞行航迹角。升力(L)、阻力(D)和重力(mg)之间的关系可表示为

$$
\begin{cases}
L\cos\varphi = mg\cos\gamma \\[2mm]
L\sin\varphi = m\dfrac{(V_a\cos\gamma)^2}{R} \\[2mm]
D = mg\sin\gamma
\end{cases}
\tag{3.24}
$$

结合式(2.28)、式(3.24),可得

$$
R = \frac{mg}{S}\frac{2}{\rho g}\frac{C_L\cos^2\varphi}{\sin\varphi\left[C_D^2+(C_L\cos\varphi)^2\right]}
\tag{3.25}
$$

$$
\cos\varphi = \frac{\sqrt{4m^2g^2-2\rho^2S^2C_D^2V_a^4}}{\rho SC_LV_a^2}
\tag{3.26}
$$

此过程中阻力导致的能量损失率可用式(3.27)进行计算:

$$
P_4 = DV_a\mathrm{d}t
\tag{3.27}
$$

此外,在此过程中航向角 ψ 的变化率可表示为

$$
\mathrm{d}\psi = \frac{V_a\mathrm{d}t}{R}
\tag{3.28}
$$

所以,低空转弯过程中能量损失与航向角之间的关系可表示为

$$
\frac{P_4}{\mathrm{d}\psi} = DR = \frac{mC_D(4m^2g^2-2\rho^2S^2C_D^2V_a^4)}{\rho S(4m^2g^2-\rho^2S^2C_D^2V_a^4)\sqrt{\rho^2S^2V_a^4(C_L^2+2C_D^2)-4m^2g^2}}
\tag{3.29}
$$

式(3.29)可用作计算低空转弯过程中的能量损失,相应的 ψ 也可替换为 $\lambda+\alpha$。低空转弯过程中的能量变化可写作

$$
\Delta E_4 = \int_0^{\lambda+\alpha} DR\mathrm{d}\psi
\tag{3.30}
$$

经过一个周期的动态滑翔,无人飞行器的整体能量变化量为

$$
E = \Delta E_1+\Delta E_2+\Delta E_3+\Delta E_4
\tag{3.31}
$$

如果最终 $E=0$,则无人飞行器不需要另外输入能量就可完成无动力飞行。

3.2　仿真分析与讨论

事实上,梯度风动态滑翔是一种很难被仿真的飞行方式,因为它的航迹要很精确,否则无法获得足够的梯度风能完成无动力滑翔。在本章节中,采用能量最优函数进行轨迹优化,以获得梯度风动态滑翔的最优航迹。

3.2.1 优化问题的设置

在本节中所设计的价值函数是使获取能量最大化,以保证完成一个周期的动态滑翔后,无人飞行器的获取能量与滑翔初期的获取能量相等。由于把一个周期的航迹分成了四个阶段,在最优化的过程中分别为四个阶段设置了四个最优化的权重系数,分别是 $\omega_1,\omega_2,\omega_3,\omega_4$。下面给出了最优化问题的目标和约束条件。

$$\max E \tag{3.32}$$

梯度风动态滑翔的航迹优化目标的表达式为

$$\begin{aligned} E = &\omega_1 \Delta E_1(\gamma,\psi,\varphi,V_a) + \omega_2 \Delta E_2(\gamma,\psi,\varphi,V_a) \\ &+ \omega_3 \Delta E_3(\gamma,\psi,\varphi,V_a) + \omega_4 \Delta E_4(\gamma,\psi,\varphi,V_a) \end{aligned} \tag{3.33}$$

式(3.33)中相应的状态参数的取值范围可表示为

$$\gamma_{\min} \leqslant \gamma \leqslant \gamma_{\max} \tag{3.34}$$

$$\psi_{\min} \leqslant \psi \leqslant \psi_{\max} \tag{3.35}$$

$$\varphi_{\min} \leqslant \varphi \leqslant \varphi_{\max} \tag{3.36}$$

$$V_{a\min} \leqslant V_a \leqslant V_{a\max} \tag{3.37}$$

在本节中,因为最优化的航迹具有周期性,所以有些状态变量也具有周期性,尽管位置点不一定具有周期性。在固定约束风场的条件下,最优化航迹是可重复的,不需要再附加能量输入。E 是目标函数,它限定了无人飞行器的飞行方式是梯度风动态滑翔。式(3.34)、式(3.35)和式(3.36)保证了无人飞行器是按照规划的航迹进行飞行。式(3.37)对空速的变化范围进行了限制。

此外,还需对优化设置相应的边界约束,边界条件可用式(3.38)进行表达:

$$\begin{cases} V(t_0) = V_0 = V(t_f) = V_f \\ \psi(t_0) = \psi_0, \psi(t_f) = \psi_f \\ \gamma(t_0) = \gamma_0 = \gamma(t_f) = \gamma_f \\ \varphi(t_0) = \varphi_0 = \varphi(t_f) = \varphi_f \end{cases} \tag{3.38}$$

所用的无人飞行器参数见表 3.1 所列,主要是仿照信天翁的参数获得。

表 3.1　梯度风动态滑翔无人飞行器参数表

项　目	参　数　值
质量/kg	5.5
翼面积 S_w/m^2	0.68088
展弦比	16.81
翼展/m	2.61

（续）

项　　目	参　数　值
空气密度 $\rho/(\mathrm{kg/m^3})$	1.22
C_{D0}	0.033
最大升阻比 $E_{\max}$	21

　　这是一架小型的无人飞行器,是根据信天翁的外形气动参数设计的。每架无人飞行器都有自身的控制输入边界[136],因此,本书中所用无人飞行器相应的航迹约束如式(3.39)所示,保证了在求解航迹优化过程中,所有的控制变量和状态变量都在可解的参数范围内。

$$\begin{cases} z \geqslant 0 \\ 0 < C_L < 1.5 \\ -80° \leqslant \varphi \leqslant 80° \\ -50° \leqslant \gamma \leqslant 50° \\ -50° \leqslant \psi \leqslant 200° \end{cases} \qquad (3.39)$$

3.2.2　优化问题的求解

　　许多研究人员在求解航迹优化问题的时候,都是将航迹离散化,在离散化的航迹点上求解最优问题,从而获得最优化航迹。如 Zhao 等人[21]在三阶高斯矩阵的基础上采用排列逼近的方法求解最优航迹。在本节中,根据第 2 章 2.4 节中的对航迹优化计算的分析,将所求航迹进行离散化处理,所用的航迹优化方法借鉴了 Zhao 的排列逼近法。应用这个计算方法就是将最优化的航迹离散为若干个点,根据时间变化进行分布。飞行器在离散点的动力学方程组满足中心差分原理,限制方程如式(3.40)所列。从式(3.40)可以估算出所有中点的状态向量。

$$X_m = \frac{1}{2}(X_i + X_{i+1}) - \frac{1}{8}(f(X_{i+1}, u_{i+1}) - f(X_i, u_i)) \cdot \mathrm{d}t \qquad (3.40)$$

$$u_m = \frac{1}{2}(u_k + u_{k+1}) \qquad (3.41)$$

　　在上述式(3.40)和式(3.41)中,X_i 是排列点 i 的状态向量,f 是动力学方程的向量函数,u 是排列点 i 的控制向量,$\mathrm{d}t$ 是排列点 k 和 $k+1$ 之间的时间间隔。

　　对应于每个状态变量的等式约束如式(3.42)所列:

$$C_i^k = X_{i+1}^k - X_i^k - \frac{1}{6}(f_k(X_i, u_i) + 4f_k(X_m, u_m) + f_k(X_{i+1}, u_{i+1})) \cdot \mathrm{d}t \qquad (3.42)$$

式中:k 是排列点的个数。

使用表 3.1 中所列无人飞行器的参数,用 MATLAB 对该优化模型进行仿真,用于仿真该动力学模型的工具包叫 GPOPS(General Pseudospectral Optimization Software)。GPOPS 对最优化控制问题进行求解的流程图如图 3.9 所示。

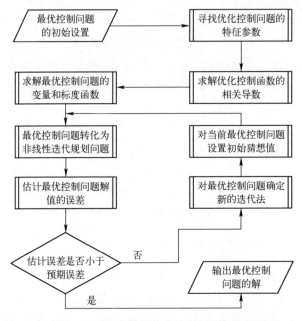

图 3.9　GPOPS 求解最优化控制问题的流程图

如图 3.9 所示的流程中,首先对所需要求解的最优化控制问题进行分析,确定最优化控制问题模型的状态变量、控制变量、时间以及其他参数。接下来,将最优控制问题转化为非线性规划问题,采用迭代法进行求解。当非线性规划问题被求解后,对迭代求解得到的离散近似值的误差进行估计,如果误差估计值没有超出预设的精度范围,则输出解值,如果超出了预设的精度范围,则采用新的迭代法进行重新求解。

用于计算梯度风动态滑翔最优航迹的 GPOPS 工具包包含 5 个函数,分别是主函数(main)、DAE(Differential Algebraic Equations,微分代数方程)函数、连接(connect)函数、事件(event)函数和代价(cost)函数,其中梯度风动态滑翔航迹的状态参数的最大值和最小值是在 main 函数中进行设置,connect 函数中用于衔接前一个滑翔周期的末状态与下一个周期的初始状态,DAE 函数主要用于计算优化控制问题,event 函数则是定义了每一个初始状态的偏微分值,cost 函数则是为每一个最优控制问题生成代价函数。此外,在工具包中主要用 SNOPT 函数进行优化计算。在本书中,为了计算出切入角的范围,设计了把切入角作为初始限制条件,每一个切入角对应一条最优的航迹,也可称作为是无动力滑翔航迹。在此最优航迹中,无人飞行器不需要推力即可完成一个周期的动态滑翔。最优化的目标是寻找满足于动力学式(2.26)时,最大/最小价值函数所对应的状态变量和控制变量。GPOPS 工具包中 event 函数还定义了每个事件约束关于初始状态、初始时间、最终状态、最终时间和参数的偏微分值。GPOPS 计算优化航迹的流程,如图 3.10 所示。

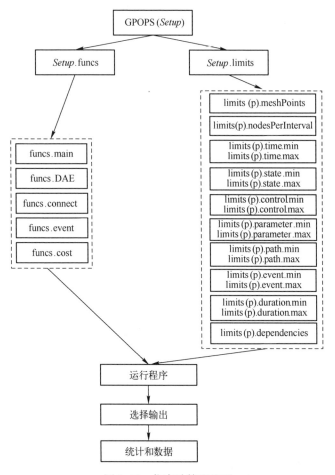

图 3.10　仿真计算流程图

为了计算出最大切入角,进行了一系列的动态滑翔仿真实验。最后得出该无人飞行器切入角与能量的获取/损失之间的关系如图 3.11 所示。

从图 3.11 可看出,随着切入角的增加,能量的获取/损失也相应的增加,此时,获取的能量等于损失的能量,无需推力即可完成一个周期的滑翔。从图中还可看出,切入角为32°时为临界值,当切入角大于32°时,获取的能量急剧减小,而消耗的能量却在增加,也就是说在滑翔的过程中,能量的收支不再平衡,在这种情况下,如果还不给无人飞行器增加推力输入能量,无人飞行器将无法完成一个周期的动态滑翔。在仿真过程中,每一个 λ 都有相对应的 α, $\lambda+\alpha$ 与能量的获取/损失之间的关系如图 3.12 所示。

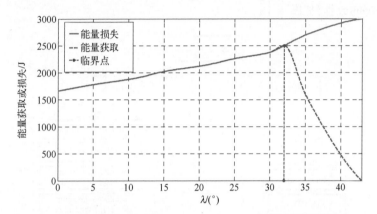

图 3.11　能量的获取/损失随切入角(λ)变化之间的关系曲线图

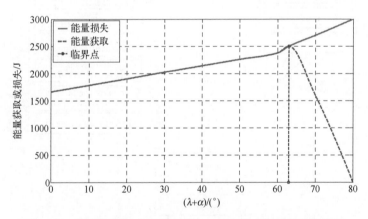

图 3.12　能量的获取/损失随角度($\lambda+\alpha$)变化之间的关系曲线图

　　对于类似的研究,法国的学者 Renaud Barate 等人[99]采用实验的方法研究了梯度风动态滑翔的飞行范围。在他们的研究中,梯度风动态滑翔的飞行范围被定义为风向与无人飞行器航向之间的夹角,如图 3.13 所示。为求得飞行范围的大小,定义了拟合函数 $f(ind)$,表述为

$$f(ind) = \text{abs}(\psi_{\text{mean}} - \psi_{\text{target}}) \tag{3.43}$$

即平均值与目标值之间的绝对值拟合,每次实验都选取最靠近目标函数的飞

行方向角。以逆风起飞为最大的飞行范围角,即此时的目标方向角为 180°
($\psi_{target} = 180°$)。

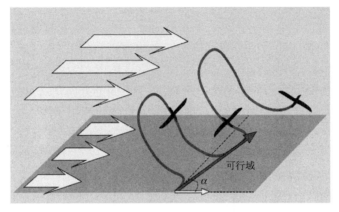

图 3.13　梯度风动态滑翔的航迹以及方向角示意图[104]

通过控制器的调节搜索出完成一个周期的滑翔时的最大方向角,其所采用
的控制率是 Takagi-Sugeno-Kang 模糊控制法,而且其鲁棒性则由飞行实验平台
进行评定,因此所获得的结论可靠性较高。其飞行实验主要是通过仿真完成,
设定初始范围,寻找最大方向角,从而生成最优的梯度风动态滑翔航迹。如
图 3.14 所示,其求出的最大方向角为 53°。

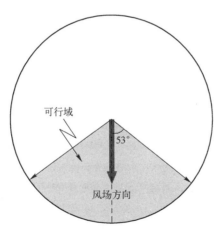

图 3.14　梯度风动态滑翔飞机的最大方向角示意图[104]

对于类似飞行器而言,本节求出的最大切入角为 32°。根据定义,本节中的
切入角是逆风起飞的方向与风场逆向之间的夹角,换算成 Renaud Barate 的方向

角则是 58°,与文献中仿真搜索出的 53°十分接近。此处以理论计算为主,并且将梯度风动态滑翔航迹以分段的形式进行分析,对顺风下滑角也进行了分析研究,因此该分析结论对飞行试验更有指导意义。

Renaud Barate 等人还分别选取了 8°、30°、53°这三个方向角进行了分析,三个不同的方向角所对应的滑翔航迹运动方向变化如图 3.15 所示,由图中可看出,方向角选择不同,在整个航迹中方向变化趋势也不一样,初始方向角越大,整个航迹的方向变化趋势越平缓。此外,三个不同的方向角所对应的滑翔航迹的高度变化如图 3.16 所示,初始角度越小,高度变化越明显。

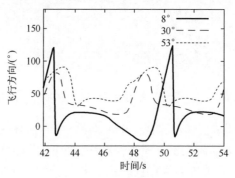

图 3.15　三个不同方向角所对应的
滑翔航迹运动方向的变化[99]

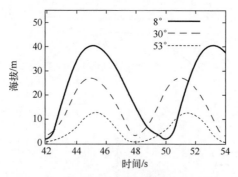

图 3.16　三个不同方向角所对应的
滑翔航迹高度的变化[99]

在 Renaud Barate 等人的论文中,虽然选择了较典型的方向角进行了分析,但是看起来并不清晰,尤其是没有将整个航迹显示出来,无法直观地对不同方向角的航迹进行比较。因此,在下文中将选择典型的切入角进行细致的分析,以获得令人信服的结论。

3.3 典型切入角的分析

为了将切入角对最优化航迹的影响解释得更清楚,选择了三种典型的切入角进行分析。按照比例分配,选择了以下三个角度值进行分析:

$$\lambda = 0°, 16°, 32°$$

如图 3.17 所示三个切入角所对应的最优化航迹。三条航迹所对应的其他初始条件是一致的。

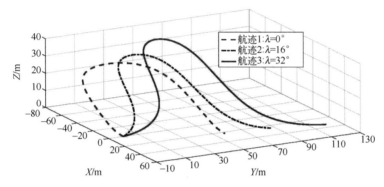

图 3.17   三种不同切入角所对应的梯度风动态滑翔航迹

在图 3.17 中,航迹 1 所对应的 $\lambda = 0°$,$\alpha = 0°$,即无人飞行器逆风上升和顺风下滑的方向都与风场方向平行,此过程中无人飞行器最大的飞行高度是 25m,这是最简单的动态滑翔方式。航迹 2 所对应的 $\lambda = 16°$,$\alpha = 15°$,此时,无人飞行器最大的飞行高度是 28m。航迹 3 所对应的 $\lambda = 32°$,$\alpha = 31°$,无人飞行器最大的飞行高度是 35m。当 $\lambda > 32°$ 时,已经超出了切入角的临界值了,如果没有额外推力给无人飞行器增加能量的话,无人飞行器难以完成一个周期的动态滑翔。

三条航迹所对应的初始空速均是 30m/s。如图 3.18 所示,分别绘出了三条航迹所对应的空速的变化,从图可看出,三种空速(Va)的变化趋势基本是一致的,分别是在飞行高度最高时达到了空速的最低值,在终点时又回到了初始值,也就是说,经过一个周期的滑翔,无人飞行器并无能量的损失。同时,在图 3.18 中还可发现,切入角越大,完成一个周期的滑翔所需要的时间也越长一些。

三条不同的飞行航迹所对应的升力系数(Cl)的变化如图 3.19 所示。

三条航迹的升力系数的变化趋势也比较类似,当无人飞行器飞临最高点时,升力系数达到最大值,图 3.19 对比图 3.18,此时的空速为最小值,因此,尽管空速最小,但无人飞行器能够获得足够的升力维持其飞行,完成高空转弯。

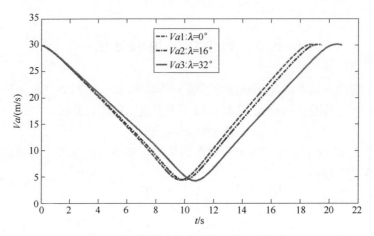

图 3.18　分别对应三种航迹的空速变化

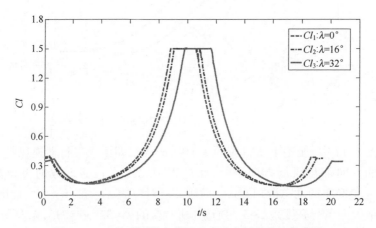

图 3.19　三种不同的飞行航迹中升力系数的变化曲线

无人飞行器三条航迹所对应的飞行航迹角(γ)和滚转角(φ)的变化如图 3.20 和图 3.21 所示。从图 3.20 可发现,三种飞行航迹角的变化基本一致,也就是说,在进行梯度风的动态滑翔时,飞行航迹角并不是影响滑翔方式的关键姿态角参数。在图 3.21 中,不同的切入角对应的初始滚转角也不一样,对比图 3.5 和图 3.6,随着切入角的增大,W_{x1} 减小,无人飞行器需要相应的滚转角来维持正常的飞行。

如图 3.22 所示三条不同飞行航迹所对应的航向角的变化。从图中可发现,初始航向角等于切入角的大小。而航向角表示的是无人飞行器在动态滑翔过程中的方向变化,切入角则是反映飞行方向与风场方向的夹角,初始值相同是因为在初始点大地坐标系与风场坐标系相重合了。

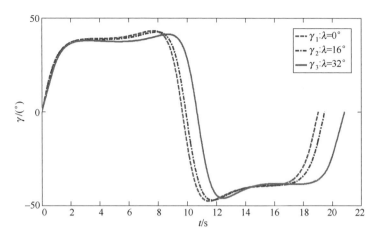

图 3.20　三种不同飞行航迹中飞行航迹角(γ)的变化曲线图

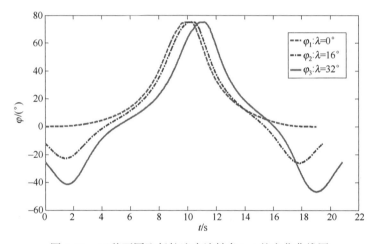

图 3.21　三种不同飞行航迹中滚转角(φ)的变化曲线图

如图 3.23 所示三种不同飞行航迹的总体能量变化趋势类似。在滑翔的初期,能量下降的很快,随着飞行高度的增加,风速也增加,所以无人飞行器的空速也增加,势能和动能的增加使得无人飞行器总体能量都有所增加。在 8~14s 的区间,无人飞行器能量变化较平缓,这也就是说在高空转弯过程中,能量的吸收与损耗比较一致。同时,切入角越大,平滑度越好,这也可从式(3.15)中获得类似的结论。从第 14s 以后,无人飞行器能量增加很快,说明顺风下滑中,是获能的最佳时期。到了低空转弯后,无人飞行器的能耗也很快。

三种航迹所对应的能量变化如图 3.23 所示。

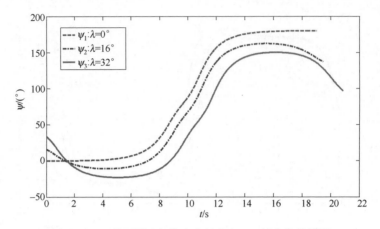

图 3.22　三种不同飞行航迹中航向角(ψ)的变化曲线图

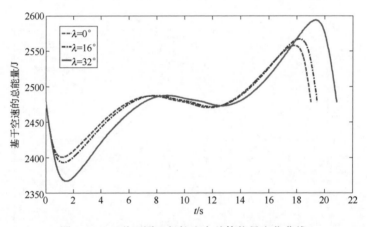

图 3.23　三种不同飞行航迹中总体能量变化曲线

在一个周期的动态滑翔中,无人飞行器的能量获取主要发生在逆风爬升和顺风下滑中,高空转弯过程中的能耗并不大,但是低空转弯是主要损失能量的过程。在低空转弯过程中,选择合适转弯半径 R 和相应的姿态角可以减小能量的损失。从公式(3.30)也可看出,合适的 ψ 值也可将能量的损失降低在一个最优值。

3.4　本章小结

本章主要研究了梯度风动态滑翔的飞行方向角范围,以及相关参数对梯度风动态滑翔的影响。为了简化计算分析,本章采用了将风场分解分析的方法,飞行方向角范围也转化成了求解滑翔过程中的最大切入角的大小。采用最优梯度风动态滑翔航迹中能量平衡法求解出了最大切入角的大小。

通过理论分析和模型仿真,可得出以下结论:

(1) 在最大切入角的范围内,无人飞行器能够以梯度风动态滑翔的方式从梯度风场中获取足够的能量维持自身的飞行。随着切入角的增大,无人飞行器能够从风场中获取的能量越多,同时飞行过程中损耗的能量也越多。当切入角值超过临界值的时候,无人飞行器获取的能量将不足以平衡损耗的能量,此时无人飞行器如果没有外加能源的输入,将难以实现梯度风动态滑翔。

(2) 在梯度风动态滑翔过程中,能量的获取主要发生在逆风上升和顺风下滑这两个阶段,高空转弯过程能量的获取与损耗基本平衡,而低空转弯过程中能量损耗较大,这一结论验证了第 2 章中的对梯度风动态滑翔中能量变化的结论。

第4章　基于航迹设计的梯度风能利用策略分析

　　长航时与远距离是无人飞行器应用的两个重要指标。受储能能力的限制,人们更倾向于使用无动力无人飞行器[81]。在无人飞行器的一些飞行坏境中,存在其他可供利用的能源,用于提高航时和飞行距离,如梯度风能。从前述章节的分析中可发现,无人飞行器在梯度风场中以梯度风动态滑翔的方式从环境中获取足够的能量维持自身的飞行。因为梯度风可以作为能源加以开发利用,所以我们可以在梯度风动态滑翔的基础上进行无人飞行器的任务规划。第3章论述了梯度风动态滑翔航迹的方向范围,那么在无人飞行器梯度风动态滑翔的可行域范围内,可实现以航迹设计为前提的梯度风能利用策略。飞行器无论是应用于军事领域还是应用于民用领域,都希望在该应用领域获得最大的能量利用效果。例如,在燃料一定的前提下,要么是希望其飞行的时间越长越好,要么是飞行的距离越远越好,或者二者兼备。

　　在本章中,将对梯度风动态滑翔中的长航时与远距离进行详细的讨论。事实上,根据 Kermode 的著作[137]中对飞行器长航时与远距离问题的讨论,为了获得最长的航时,在规定的时间内尽量消耗最少的能量,也就是说,尽量将损耗功率降到最低,功率则是阻力与空速的乘积。如果要获得最远的飞行距离,必须将飞行器的推力减到最小,最小的推力也就意味着最小的阻力,也就是说,远距离的飞行要求飞行过程中阻力最小。同样的道理,在梯度风动态滑翔过程中,长航时与远距离是两个需要区别分析计算的概念。因此,在利用自然界的梯度风能进行梯度风动态滑翔过程中,也可以设计相应的长航时航迹、远距离航迹以及综合这两个目标的优化航迹。

4.1　梯度风动态滑翔中的任务规划

　　基于梯度风动态滑翔的任务规划可以从优化相应的任务参数入手。如图 4.1 所示为设定任务参数后,无人飞行器系统的航迹规划与控制框图。

　　在图 4.1 中,任务参数主要是人为设定的参数,根据设计任务需求而设定的,如要求无人飞行器是执行长航时飞行任务还是远距离飞行任务。飞行指挥

70

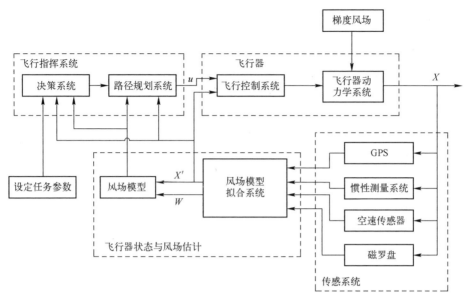

图 4.1　基于任务规划的无人飞行器系统航迹规划与控制框图

系统包括决策系统和航迹规划系统。决策系统根据设定的任务参数选择相应的飞行模型,飞行模型是指滑翔的样式,也就是本章节所需要研究的滑翔模式,飞行模型同时也受环境风场的影响,因为梯度风动态滑翔只有在合适的梯度风场中才能适用。航迹规划系统根据滑翔模式选择相适应的的最优滑翔航迹,同时需要根据风场模型参数适时修正航迹参数。

飞行控制模块主要是根据航迹规划系统的指令输出相应的控制参数,相应的控制参数也需要根据风场模型的变化进行适时修正。传感系统主要是感知飞行器飞行过程中的梯度风场参数,风场模型拟合系统根据传感系统所获取的风场参数进行风场模型的拟合。风场模型的初始化数据可由合适的气象模拟数据进行初始化,如 MM5[138] 或 WRF[139]。

在执行如图 4.1 所示的飞行器控制系统时,首先需要将航迹参数的确定和航迹规划系统的相关内容研究清楚。下文将对梯度风动态滑翔过程中长航时与远距离这两个任务目标和相应的航迹优化进行讨论,探索对应的动力学模型下控制变量和状态变量的变化规律,为真正的试验飞行提供理论指导。

4.2　建模与分析

当飞行器在动态滑翔过程中遵循一定的飞行航迹飞行时,飞行器可以从环境中获取足够的能量维持其自身的飞行。所以在动态滑翔的航迹优化中,需要对飞行器和风场环境建立相应的数学模型以进行优化计算。在本章节中,所用的风场模型和飞行器动力学模型均为第 2 章中所述。

在第 2 章中,动力学方程组(2.18)、式(2.20)中的状态变量为:$[x_i, y_i, z_i, V_a, \psi, \gamma]$,控制输入变量为:$[C_L, \varphi]$。升力系数是关于飞行器攻角的函数,攻角在一定的角度范围内,升力系数 C_L 的取值与攻角 α 呈线性关系,如图 4.2 实线所示。

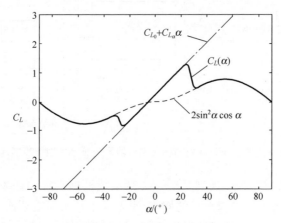

图 4.2　升力系数与攻角的关系曲线图[16]

攻角受飞行器控制舵的控制,因此升力系数可以作为控制输入变量。此外,阻力系数 C_D 的表达式如式(2.4)所示,阻力系数 C_D 与攻角 α 的关系可表示为如图 4.3 所示。因此,阻力系数也可作为控制输入变量。

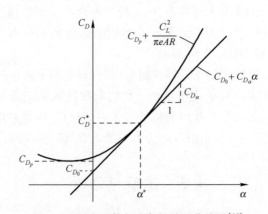

图 4.3　阻力系数与攻角的关系曲线图[16]

结合式(2.18)、式(2.20),假设 $W_y=W_z=0$,可得方程组(4.1),

$$\begin{cases} m\dot{V}=-D-mg\sin\gamma-m\dot{W}_x\cos\gamma\cos\psi \\ mV\cos\gamma\dot{\psi}=L\sin\varphi-m\dot{W}_x\sin\psi \\ mV\dot{\gamma}=L\cos\varphi-mg\cos\gamma+m\dot{W}_x\sin\gamma\cos\psi \end{cases} \quad (4.1)$$

方程组(4.1)是关于风场坐标系下的动力学方程组,风场坐标系是非惯性的坐标系。根据文献[140]中的论述:牛顿第二定律 $F=ma$ 适用于任何一个惯性坐标系中运动的物体,而当坐标系本身处于变加速状态时,即坐标系本身是非惯性时,则坐标系本身应有一个附加力 $F_A=-mA$,其中 A 是坐标系本身的加速度。对于惯性坐标系中观测者而言,处于非惯性坐标系下的物体所受的合力应该是 $F_合=F-F_A$。因此处于变风速风场中的飞行器,在非惯性坐标系下,存在有惯性力 F 作用于非惯性坐标系中,如图 4.4 所示。惯性力是由梯度风产生的,可表述为

$$F=-m\frac{\mathrm{d}W_x}{\mathrm{d}t}=-m\frac{\mathrm{d}W_x}{\mathrm{d}z}\cdot\frac{\mathrm{d}z}{\mathrm{d}t}=m\beta V\sin\gamma \quad (4.2)$$

式中:F 是由梯度风场产生的,所以其方向与风场方向一致,也是坐标轴 x_i 方向。

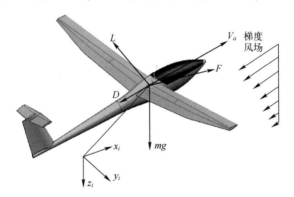

图 4.4　无人飞行器的受力分析图

根据文献[140]中的论述,惯性力也可做功,在梯度风场中,其功率表达式为

$$P=F\dot{x}_i=m\beta V^2\sin\gamma\cos\gamma\cos\psi \quad (4.3)$$

式(4.3)其实也是无人飞行器从梯度风场中获取能量的功率表达式。在一个周期的梯度风动态滑翔过程中,无人飞行器从风场中获取的总能量可表述为

$$E=\int_0^T m\beta V^2\sin\gamma\cos\gamma\cos\psi\,\mathrm{d}t \quad (4.4)$$

式中:T 是完成一个周期的梯度风动态滑翔所用的时间。

4.3 梯度风动态滑翔的航迹边界约束

梯度风动态滑翔是以特定的飞行航迹在梯度风场中获取能量,因此需要对滑翔航迹设置一定的约束条件。首先,设定滑翔航迹的初始条件,如式(4.5)所示

$$\begin{cases} x(t_0) = 0 \\ y(t_0) = 0 \\ z(t_0) = 0 \\ \gamma(t_0) = 0 \end{cases} \tag{4.5}$$

其中 t_0 是初始时刻。

其次,在规划梯度风动态滑翔航迹的时候相关参数的变化范围不能够超出无人飞行器的操控范围,因此,还必须遵守下列航迹约束

$$z_i \leqslant 0 \tag{4.6}$$

$$C_{Lmin} \leqslant C_L \leqslant C_{Lmax} \tag{4.7}$$

$$-\varphi_{min} \leqslant \varphi \leqslant \varphi_{max} \tag{4.8}$$

$$V(t_f) = V(t_0) \tag{4.9}$$

$$n \leqslant n_{max} \tag{4.10}$$

无人飞行器始终在空中飞行,根据坐标指向,z_i 始终为负,n 是无人飞行器的载荷系数。

$$V(t_f) = V(t_0) \tag{4.11}$$

$$z_i(t_f) = z_i(t_0) \tag{4.12}$$

$$\gamma(t_f) = \gamma(t_0) \tag{4.13}$$

$$\psi(t_f) = \psi(t_0) \tag{4.14}$$

式中:t_f 是滑翔的终点时刻,式(4.11)、式(4.12)确保无人飞行器在滑翔的起点和终点的能量是相同的。此外梯度风动态滑翔过程中载荷系数(n)可定义为

$$n = \frac{L}{mg} \leqslant n_{max} \tag{4.15}$$

由公式(4.15)可看出,升力 L 的取值与空速的大小相关,因此对载荷系数的约束主要是影响无人飞行器空速最大值的取值,载荷系数(n_{max})最大值的取值也不能超过一定的范围。在本章节中,参考文献[21]中 Zhao 等人对类似梯度风动态滑翔的飞行器的飞行参数的约束值,主要采用下列飞行参数的限制值

$$C_{L\min} = 0,\ C_{L\max} = 1.5,\ \varphi_{\max} = 80°,\ n_{\max} = 5 \tag{4.16}$$

4.4　关于远距离与长航时的能量计算方法

根据公式(4.15),我们可以定义飞行器气动阻力的计算法

$$D = n \cdot mg \cdot \frac{D}{L} = n \cdot mg \cdot \frac{C_D}{C_L} \tag{4.17}$$

在本章中,梯度风动态滑翔所需要的能量都是从飞行环境中获取的,但要找出能量获取与飞行方式之间的关系是比较困难的,因为滑翔的方式比较多样,不同的样式可能获取的能量是一致的,难以进行区分。但是以计算梯度风动态滑翔过程中的能量损失会比较直接和容易,因为计算远距离与长航时过程中的能量损失的方程是各不相同的。通过下文计算方程,可以发现相关控制变量分别在这两种飞行任务中起着不同的作用。根据约束条件和任务规划目标,一共有三种不同的梯度风动态滑翔模式,分别是长航时开环模式—模式(Ⅰ)、长航时闭环模式—模式(Ⅱ)和远距离开环模式—模式(Ⅲ)。

4.4.1　长航时开环模式

在这种梯度风动态滑翔模式下,主要是为了将无人飞行器的航时最大化,因此需要将无人飞行器的飞行时间尽量延长。对于长航时模式而言,其能量消耗(W)可以计算为

$$W = Dv \cdot t \tag{4.18}$$

结合气动力计算公式,式(4.18)可写作

$$W = \frac{1}{2}\rho S C_D v^3 t = \frac{\sqrt{2}\,(mg)^{3/2}}{\sqrt{\rho S}}\frac{C_D}{(C_L/n)^{3/2}}t \tag{4.19}$$

如果梯度风动态滑翔过程损耗的能量等于从风场中获取的能量,由式(4.4)和式(4.19)可计算出

$$t = \frac{\displaystyle\int_0^T \beta V^2 \sin\gamma\cos\gamma\cos\psi\,\mathrm{d}t}{\dfrac{\sqrt{2m}\,g^{3/2}}{\sqrt{\rho S}}\dfrac{C_D}{(C_L/n)^{3/2}}} \tag{4.20}$$

从式(4.20)中可看出,为了获得更长的飞行时间,除了使飞行器从风场中获取更多的能量外,减小无人飞行器的控制输入项 $C_D/(C_L/n)^{3/2}$ 的取值也能够相应的延长飞行时间。

长航时的求解是一个多参数的优化问题,在此优化问题中,梯度风动态滑翔的时长是优化目标,因此,优化函数用数学式表述为

$$\max J = t_f \qquad (4.21)$$

相应的动力学系统为方程组式(4.1),t_f是最大的飞行时间。此优化函数的边界约束条件如前文4.4节所述,飞行器完成一个周期的滑翔之后,其终点的飞行高度、空速大小以及系统能量状态与初始点一致,只是终点的位置不再与初始点相同。

4.4.2 长航时闭环模式

为了更加全面地分析长航时的问题,还有一种可能性需要加以分析。其中一种可能性是无人飞行器经过一个周期的滑翔后,终点的飞行高度、空速大小以及系统能量状态与初始点相同,但是位置点不一致,正如长航时开环模式中所述。还有一种可能性就是无人飞行器经过一个周期的滑翔后,终点状态与初始点完全一致,相比较长航时开环模式,无人飞行器又回到了初始点。所以在进行长航时闭环模式的航迹优化的时候,在长航时开环模式的基础上还需要加入以下约束条件:

$$x(t_f) = x(t_0) \qquad (4.22)$$
$$y(t_f) = y(t_0) \qquad (4.23)$$

此外,优化目标与相应的动力学系统方程组和长航时开环模式完全一致。

4.4.3 远距离开环模式

为了获得最远的飞行距离,在飞行过程中应将阻力尽量减小。对于远距离飞行,其能量的损耗(W)可以表述为

$$W = D \cdot d = mg \cdot \left(\frac{C_D}{(C_L/n)}\right) \cdot d \qquad (4.24)$$

与长航时开环模式的分析类似,如在滑翔过程中消耗的能量与获取的能量相同,结合式(4.4)和式(4.24),得

$$d = \frac{\int_0^T \beta V^2 \sin\gamma\cos\gamma\cos\psi \, dt}{g \cdot \left(\frac{C_D}{(C_L/n)}\right)} \qquad (4.25)$$

从式(4.25)可看出,为了获得更远的飞行距离,除了从风场中获取更大能量外,还要求对无人飞行器的控制输入项减小表达式 $C_D/(C_L/n)$ 的取值,在航时表达式(4.20)中则要求尽量减小 $C_D/(C_L/n)^{3/2}$ 的取值。

最远飞行距离的求解同样是一个多参数优化问题。在此优化问题中,以梯

度风动态滑翔的最远飞行距离为优化目标,其数学表达式为

$$\max J = d_f \tag{4.26}$$

相应的动力学系统为方程组(4.1),其中 d_f 是最远的飞行距离。对远距离问题的约束条件如前文 4.2 节所述,无人飞行器经过一个周期的滑翔后,终点的飞行高度、空速大小以及系统能量状态与初始点相同,但是位置点不一致。远距离的优化是希望无人飞行器飞的越远越好,因此不能将初始位置与终点位置设置为相同,此约束条件与长航时开环模式中航迹优化的约束条件相一致。

4.5　梯度风动态滑翔过程中的非线性控制问题

由于飞行环境中梯度风场的变化规律是非线性的,无人飞行器相应的气动控制也比较复杂,梯度风动态滑翔是一个很难控制的飞行方式。在本节中,航迹的最优化问题被转化为多参数优化问题,通过现有的非线性规划工具包进行求解。首先,最优化问题的时间周期被分解成若干个小子区间,每个区间末的时间点称作节点。其次,采用插值法将节点处的控制参数和状态参数形成控制和状态的过程曲线。最后,整合优化问题的状态方程,采用非线性规划工具包迭代求解未知参数,直到将参数最优化问题解决为止[141]。

将最优化控制问题转化为参数最优化问题主要是采用了配点的方法,即在求解的时间间隔 $[0, t_f]$ 内定义 N 个时间节点:

$$t_0 = t_1 < t_2 < \cdots < t_k < \cdots < t_{N-1} < t_N = t_f \tag{4.27}$$

每个时间点的状态和控制变量成为了需求解的参数:

$$\boldsymbol{u} = \begin{bmatrix} x_0 & \cdots & x_i & \cdots & x_N \\ y_0 & \cdots & y_i & \cdots & y_N \\ z_0 & \cdots & z_i & \cdots & z_N \\ V_0 & \cdots & V_i & \cdots & V_N \\ \psi_0 & \cdots & \psi_i & \cdots & \psi_N \\ \gamma_0 & \cdots & \gamma_i & \cdots & \gamma_N \\ C_{L0} & \cdots & C_{Li} & \cdots & C_{LN} \\ \varphi_0 & \cdots & \varphi_i & \cdots & \varphi_N \end{bmatrix} \tag{4.28}$$

式中: $\boldsymbol{u}$ 由 $8(N+1)$ 个变量组成。将所有未知参数都组合到一起,可得以下矩阵

$$X = \begin{bmatrix} x_0 & \cdots & x_i & \cdots & x_N \\ y_0 & \cdots & y_i & \cdots & y_N \\ z_0 & \cdots & z_i & \cdots & z_N \\ V_0 & \cdots & V_i & \cdots & V_N \\ \psi_0 & \cdots & \psi_i & \cdots & \psi_N \\ \gamma_0 & \cdots & \gamma_i & \cdots & \gamma_N \\ C_{L0} & \cdots & C_{Li} & \cdots & C_{LN} \\ \varphi_0 & \cdots & \varphi_i & \cdots & \varphi_N \\ t_0 & \cdots & t_i & \cdots & t_N \end{bmatrix} \tag{4.29}$$

式(4.29)中含有 $9(N+1)$ 个变量,动力学方程组(4.1)标准化之后可表述成以下公式

$$U = f(u) \tag{4.30}$$

式(4.30)可通过计算优化过程中的残差,最终使残差趋于 0 的方式进行求解。根据二阶中点法则,在时间点 t_m 处有求值函数,其残差公式可表述为

$$U = f(u) \tag{4.31}$$

其中,

$$f_m = f(u_m) \tag{4.32}$$

此外,

$$t_m = \frac{t_k + t_{k+1}}{2}, \quad u_m = \frac{u_k + u_{k+1}}{2} \tag{4.33}$$

因此,残差公式也可表述为

$$K_m = X_{k+1} - X_k - \frac{1}{6}(f_k + f_m + f_{k+1})(t_{k+1} - t_k) \tag{4.34}$$

根据四阶辛普森三分之一法则,残差公式可表述为

$$K_m = X_{k+1} - X_k - \frac{1}{2}(f_k + f_{k+1})(t_{k+1} - t_k) \tag{4.35}$$

式中, f_m 可通过下述方程组求解:

$$\begin{cases} t_m = \dfrac{t_k + t_{k+1}}{2} \\ X_m = \dfrac{X_k + X_{k+1}}{2} - \dfrac{1}{8}(f_{k+1} - f_k)(t_{k+1} - t_k) \\ u_m = \dfrac{u_k + u_{k+1}}{2} \end{cases} \tag{4.36}$$

动力学方程组(4.1)的航迹约束被作为需求解的参数值的边界值,并受到

一系列离散的时间点的限制。在求解数值积分的时候,假设状态变量 $u(t)$ 是已知的,所以计算 $u(t)$ 的方式并不影响积分函数的阶数。而第 3 章中所用的求解法,$u(t)$ 是未知的,需要通过中点法进行估计求解。根据中点法则,u_m 有可能是替代 u_k 的参数。式(4.21)和式(4.26)的优化问题可转化为求解参数优化。

4.6　三种模式下梯度风动态滑翔的相关特征

本节内容中用于仿真实验的无人飞行器与上一章所用无人飞行器相同,其结构参数与信天翁的相类似,采用 MATLAB 进行仿真分析。

无人飞行器梯度风动态滑翔过程中基本的特征包括飞行航迹、空速、以及姿态角的变化趋势等。首先,在动力学模型和最优化边界的约束条件下,获得了关于梯度风动态滑翔三种模式下的最优航迹,分别如图 4.5、图 4.6 和图 4.7 所示,其中坐标轴 X 的方向为梯度风场的方向。图 4.5 是模式(Ⅰ)下的最优航迹,可被称作为开环长航时航迹。如图 4.5 所示,无人飞行器经过一个周期的飞行后,并没有回到原点,其终点距初始点的距离约为 210m。

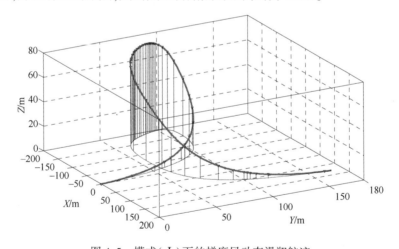

图 4.5　模式(Ⅰ)下的梯度风动态滑翔航迹

如图 4.6 所示的飞行航迹是模式(Ⅱ)下的最优航迹,可被称作为闭环长航时航迹。模式(Ⅱ)和模式(Ⅰ)的优化目标是一致的,由于终点约束的不同,从而获得了不同的优化航迹。从图 4.6 所示航迹特点可看出,无人飞行器经过一个周期的滑翔后又回到了初始位置,因此这种模式下的梯度风动态滑翔适合在某一合适的区域做长航时盘旋飞行。

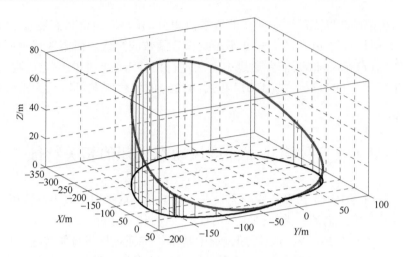

图4.6 模式(Ⅱ)下的梯度风动态滑翔航迹

在模式(Ⅲ)的优化目标和边界约束条件下,通过仿真计算,获得了梯度风动态滑翔的远距离飞行航迹,如图4.7所示。

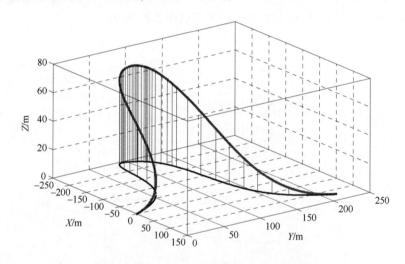

图4.7 模式(Ⅲ)下的梯度风动态滑翔航迹

对比图4.7和图4.6可发现,飞行器经过一个周期的飞行后并没有回到初始位置,图4.7中其终点和初始点的距离约260m,比图4.5中的飞行距离还要远。模式(Ⅲ)下的梯度风动态滑翔适合于远距离的飞行。

在仿真计算中,三种航迹模式下无人飞行器空速变化如图4.8所示,其初始空速的大小都是46.9m/s。

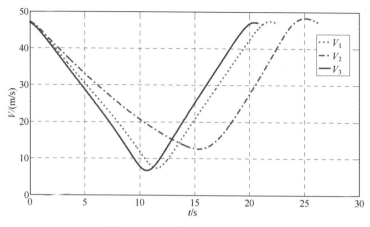

图 4.8　三种模式下的空速变化

在图 4.8 中，V_1 和 V_2 分别表示的是长航时模式下的空速变化趋势，V_1 是模式（Ⅰ）下的空速变化，V_2 是模式（Ⅱ）下的空速变化，V_3 是远距离模式（Ⅲ）下的空速变化。经历了一个周期的梯度风动态滑翔之后，三种模式下无人飞行器的空速回到了初始空速的大小。在图 4.5~图 4.8 中，无人飞行器借助梯度风场进行梯度风滑翔，完成一个周期的飞行不需要其他能量的输入，且自身无能量损失。此外，在图 4.8 中还可发现，远距离飞行模式（Ⅲ）的时长是三种模式中时长最短的，也就说明远距离与长航时是三个相互独立的过程，飞得远不一定需要很长的时间。

在三种滑翔模式下，无人飞行器的飞行航迹角（γ）、滚转角（φ）和航向角（ψ）的变化如图 4.9~图 4.11 所示，其中（Ⅰ）（Ⅱ）（Ⅲ）分别表示模式（Ⅰ）、模式（Ⅱ）、模式（Ⅲ）。

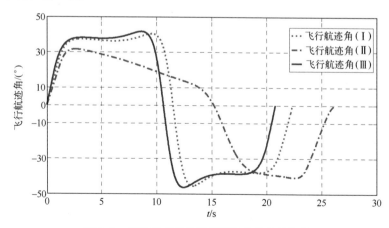

图 4.9　三种模式下的飞行航迹角的变化趋势

在图4.9中,三种模式下飞行航迹角的变化趋势基本类似,但闭环航迹的变化趋势相对要平缓一些。

当飞行器需要转弯的时候,滚转角的存在会产生附加的横向力作用在飞行器上,为完成转弯飞行,飞行器必须有一定的滚转角使得有一部分的升力用于抵消飞行器重力,另一部分升力用以提供飞行器转弯所需的向心力。如图4.10所示,在仿真分析中,闭环长航时航迹是滚转角的变化较平顺,说明其转弯过程也比较平顺,而开环航迹中则存在有急转弯现象。

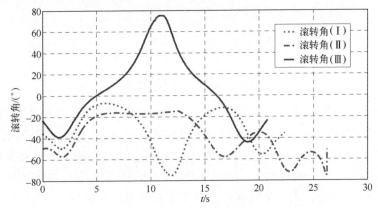

图4.10 三种模式下的滚转角的变化趋势

如图4.11所示是梯度风动态滑翔过程中航向角的变化趋势,从图中可看出,相比较飞行航迹角和滚转角的变化趋势,航向角的变化不是一个周期性的过程,也就是说,经过一个周期的梯度风动态滑翔之后,终点航向角与初始点不一致,而且长航时模式下的航向角变化范围比远距离模式的变化范围要大得多。三种滑翔模式下,无人飞行器升力系数的变化如图4.12所示。

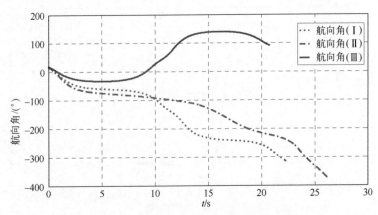

图4.11 三种模式下的航向角的变化趋势

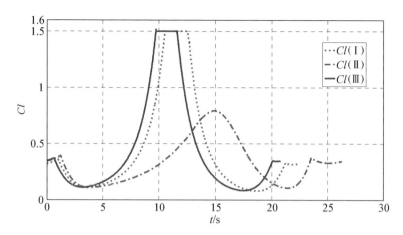

图 4.12　三种模式下的升力系数的变化趋势

在航迹优化过程中,控制变量的变化过程体现在图 4.10 和图 4.12 中。受航迹优化中无人飞行器边界约束的限制,升力系数的最大值均未超过 1.5,且在模式(Ⅱ)下闭环长航时的最大升力系数小于另外两种模式下升力系数的最大值,对比图 4.8 中空速的变化曲线,在模式(Ⅱ)下的最小空速值大于另外两种模式的最小空速值,因此,其要求的升力系数最大值比其他模式小。

三种模式下无人飞行器载荷系数的变化趋势如图 4.13 所示。

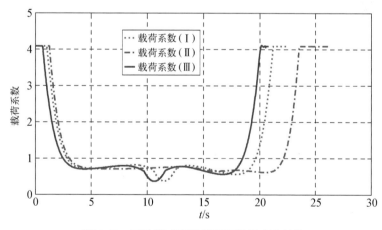

图 4.13　三种模式下的载荷系数的变化趋势

在图 4.13 中,三种模式下载荷系数的最大值均未超过 5,大部分时间维持在 0.9 左右,开环模式下,载荷系数的变化趋势基本类似。载荷系数不仅与飞行器结构设计相关,还受飞行器飞行过程中滚转角变化的影响,根据参考文献[142]的论述,存在有 $n = 1/\cos\varphi$ 的关系。对比图 4.10 中曲线的变化,在滚转角有急剧变化的时候,在图4.13中,同一时刻的载荷系数也有相应的变化。

在三种梯度风动态滑翔的模式下,无人飞行器系统中由阻力导致的能量变化曲线如图4.14所示,其中能量变化率曲线1表示的是模式(Ⅰ)下的无人飞行器系统能量变化,能量变化率曲线2表示的是模式(Ⅱ)下的无人飞行器系统能量变化,能量变化率曲线3表示的是模式(Ⅲ)下的无人飞行器系统能量变化。

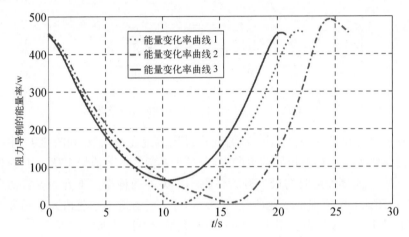

图4.14 三种模式下的无人飞行器系统能量变化曲线

由图4.14中曲线变化可知,三种模式下由阻力导致的能量变化趋势基本类似,在第11s和第16s的时候,模式(Ⅰ)和模式(Ⅱ)的能量变化接近0,说明此时在长航时模式下,由阻力导致的能量损耗基本为0,而模式(Ⅲ)远距离滑翔中,能量变化的最低点则远大于0。因此,长航时模式下的梯度风动态滑翔是一种节能效率较高的飞行模式。

为将三种滑翔模式的对比更加清晰,如表4.1所列总结出了三种模式下的相关参数。

表4.1 三种滑翔模式相关参数对比

参　　数	模式(Ⅰ)	模式(Ⅱ)	模式(Ⅲ)
初始点空速/(m/s)	46.9	46.9	46.9
终点空速/(m/s)	46.9	46.9	46.9
初始点高度/m	0	0	0
终点高度/m	0	0	0
最小空速/(m/s)	11.6	7.2	6.7
最大升力系数	1.5	0.8	1.5

（续）

参　　　数	模式（Ⅰ）	模式（Ⅱ）	模式（Ⅲ）
最大飞行高度/m	63	59	65
周期长度/s	23.5	26.5	21
飞行距离/m	210	0	261
能量损耗/J	0	0	0

从表 4.1 中可发现,三种模式的梯度风动态滑翔中均无能量损耗,也就是说,完成本章节所设置的长航时或远距离模式下的一个周期的梯度风动态滑翔,均不需要外加能量的输入。尽管远距离滑翔的周期较短,但是在较短的时间内可获得较长的飞行距离。

4.7　本　章　小　结

本章节主要论述了梯度风动态滑翔中长航时与远距离飞行两种任务规划,根据优化目标和边界约束条件,一共包括三种模式:长航时开环模式、长航时闭环模式和远距离开环模式。

本章一共设置了两个优化函数,分别是对时长的多参数优化目标函数和对飞行距离的多参数优化目标函数,优化函数的设置实现了将能量获取最优航迹的计算转化为多参数最优目标计算的转化。

通过仿真分析发现,梯度风动态滑翔条件下,远距离和长航时是两个相互独立的概念,在进行相应的任务规划时,需要针对不同的任务要求进行最优航迹设计。对三种梯度风动态滑翔模式也进行了详细的分析,包括在三种模式下梯度风动态滑翔的航迹、空速变化、相关姿态角变化以及载荷系数变化等。

通过能量变化曲线的对比分析可以发现,长航时模式下的梯度风动态滑翔是一种节能效率较高的飞行模式。

这些结论对充分利用梯度风场中所蕴含的能量,以梯度风动态滑翔的方式实施合适的任务规划有着积极的意义。

第5章　梯度风动态滑翔系统的平衡点

在第 2 章中,对梯度风动态滑翔中无人飞行器的获能原理进行了分析。如果在风场中存在理想状态,使得无人飞行器能够不断地获取梯度风能,那么无人飞行器利用梯度风动态滑翔将实现更多的任务规划。根据第 4 章中的分析,在梯度风场中建立风场坐标系,在此坐标系中,与风场梯度相关的一个惯性力被认为是可以给飞行器增加机械能的正作用力。根据坐标系中无人飞行器的受力平衡分析,如果飞行器在上升过程中保持受力平衡,则飞行器在保持动能不变的前提下增加了势能,整个系统机械能增加。无动力持续上升在一般的静风滑翔中难以实现,但本章可以证明当风梯度和其他参数满足一定条件时,这样的物理运动过程确实存在。为了工程上使用方便,本章还特别推导了一个判断上升平衡点存在的指标判据,该判据使得气动、环境和结构对上升平衡点存在的影响得以解耦。

5.1　数 学 建 模

一般的固定质量飞行器在某一机体固联坐标系中的动力学方程可以写成如下形式:

$$m\dot{V} = F(V, R) \tag{5.1}$$

$$\dot{R} = R\omega \tag{5.2}$$

$$J\dot{\omega} = -\omega \times J\omega + T(V, R, \omega, U) \tag{5.3}$$

式中:V、ω 分别代表速度和角速度矢量,m 和 J 分别代表质量和惯量张量,而 $F(V, R)$ 和 $T(V, R, \omega, U)$ 分别代表合力以及合力矩矢量场,U 表示控制输入矢量,$R \in SO(3)$(特殊三维正交群,也称为三维旋转变换群)是方向余弦阵,代表了飞行器的姿态。

对于无动力滑翔,飞行器受到气动力和重力的作用。除了这两个外力,由于要在非惯性坐标系下建立方程,因此飞行器还受到惯性力的影响。方程(5.1)右边的合力可以写成:

$$F = G + F_a + F_i \tag{5.4}$$

式中:G 代表重力,F_a 代表气动力,而 F_i 代表惯性力。根据力学原理,惯性力可以分解为牵连惯性力和科氏惯性力。而非惯性系 $Oxyz$ 相对于惯性系 $O_0x_0y_0z_0$ 只有平移运动,因此惯性力 F_i 中只有牵连惯性力[114],这个惯性力也称为动态滑翔力[143]。动态滑翔力本质是由于空速在不同风速的风层中变化而引起。依照非惯性系力学,牵连惯性力表达为

$$F_i = -ma_i \tag{5.5}$$

式中:m 为飞行器质量,a_i 为非惯性坐标系 $Oxyz$ 的相对于惯性系 $O_0x_0y_0z_0$ 的加速度。又因为参考系随当地梯度风运动,可知相对加速度

$$a_i = \frac{\mathrm{d}W}{\mathrm{d}t} = \frac{\mathrm{d}W}{\mathrm{d}X}\frac{\mathrm{d}X}{\mathrm{d}t} = \begin{bmatrix} \dfrac{\partial W_x}{\partial x} & \dfrac{\partial W_x}{\partial y} & \dfrac{\partial W_x}{\partial z} \\[2mm] \dfrac{\partial W_y}{\partial x} & \dfrac{\partial W_y}{\partial y} & \dfrac{\partial W_y}{\partial z} \\[2mm] \dfrac{\partial W_z}{\partial x} & \dfrac{\partial W_z}{\partial y} & \dfrac{\partial W_z}{\partial z} \end{bmatrix} \begin{bmatrix} v_x \\ v_y \\ v_z \end{bmatrix} \tag{5.6}$$

为了保证不失动态滑翔问题的一般性,只研究水平梯度风场,并根据前文坐标系的定义可知等式(5.6)右边的方阵中除了 $\partial W_x/\partial z$ 外,其余偏导数都为 0。化简式(5.5)与式(5.6)可得动态滑翔力为

$$F_i = \begin{bmatrix} m\beta v_z & 0 & 0 \end{bmatrix}^{\mathrm{T}} \tag{5.7}$$

由式(5.7)可见,动态滑翔力同风梯度成正比,这意味着风梯度越大,飞行器可以从梯度中获得的动力越多。同时,还注意到动态滑翔力产生的必要条件是垂直速度 v_z 不能为 0,即必须有垂直方向的运动,这意味着飞行器必须从不同风速的风层中穿过才能从风梯度中获取动力。

已经求得式(5.4)中动态滑翔力的具体形式,而重力的表达式显然可以写成如下形式:

$$G = \begin{bmatrix} 0 & 0 & mg \end{bmatrix}^{\mathrm{T}} \tag{5.8}$$

式中:g 代表重力加速度。

于是合力的三部分中只剩气动力的表达式没有得到。

如图 5.1 所示,气动力一般分解为升力和阻力两部分,其中阻力为气动力平行于空速方向的分量,而升力则为气动力垂直于空速方向的分量。值得注意的是,在坐标系 $O_0x_0y_0z_0$ 中,因为参考系跟随飞行器当地的风速移动,故同当地飞行器的速度矢量与空速矢量的大小和方向都是相同的。所以,图 5.1 中的速度矢量也是空速矢量,如果没有特别说明或标注,本书提到速度时指的都是空速。升力大小 L 和阻力大小 D 通常写成如下形式:

$$L = \frac{1}{2}\rho v^2 s C_L \tag{5.9}$$

$$D = \frac{1}{2}\rho v^2 s C_D \tag{5.10}$$

式中：ρ 代表大气密度，s 代表翼面积，而 C_L 和 C_D 分别代表升力系数和阻力系数，v 代表速度大小，是速度在各坐标轴上分量 v_x、v_y、v_z 的平方和的平方根，即

$$v \triangleq \sqrt{v_x^2 + v_y^2 + v_z^2} \tag{5.11}$$

为了书写简洁，定义一个新的参数（本书称之为气动力系数）$\gamma \triangleq \rho s \sqrt{C_L^2 + C_D^2}/2$。于是根据式(5.9)和式(5.10)，可求出合力大小

$$F_a = \sqrt{L^2 + D^2} = \gamma v^2 \tag{5.12}$$

不难发现，图 5.1 中气动力与阻力夹角 λ 的正切值

$$\tan\lambda = \frac{L}{D} = \frac{C_L}{C_D} \tag{5.13}$$

恰好等于升阻比。因此，升力和阻力可以重新写成

$$\begin{cases} L = \gamma v^2 \sin\lambda \\ D = \gamma v^2 \cos\lambda \end{cases} \tag{5.14}$$

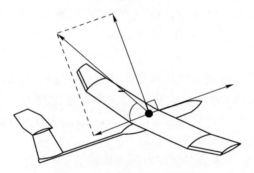

图 5.1　飞行器受到的气动力

对于阻力，由于它和速度矢量方向相反，所以可以写成其大小数乘速度反方向的单位矢量，即

$$\boldsymbol{D} = -\frac{D}{v}\boldsymbol{V} = -\gamma v \cos\lambda \begin{bmatrix} v_x & v_y & v_z \end{bmatrix}^T \tag{5.15}$$

而对于升力 L 的计算则稍显复杂，因为仅凭 L 垂直于速度矢量还不能确定升力方向，升力方向还和滚转角相关。由图 5.2 可知，升力 L 可视为在速度矢量 $\boldsymbol{V}$ 和坐标轴 z 所张成的平面内与 $\boldsymbol{V}$ 垂直的某个矢量绕 $\boldsymbol{V}$ 旋转角度 φ 得到的，将这个矢量对应的单位矢量由 $\boldsymbol{V}$ 和 z 轴线性表示为

$$\boldsymbol{e}_{Lp} = c_1\boldsymbol{V} + c_2\begin{bmatrix} 0 & 0 & 1 \end{bmatrix}^T = \begin{bmatrix} c_1 v_x & c_1 v_y & c_2 + c_1 v_z \end{bmatrix}^T \tag{5.16}$$

式中：c_1 和 c_2 是待求系数。注意，必须要求 $c_2 > 0$ 才能保证该矢量旋转滚转角 φ

可以转到升力方向,否则需要转 $\pi-\varphi$ 才能转到升力方向。由于 e_{Lp} 同 V 正交,可得

$$\langle e_{Lp}, V \rangle = c_1 v_x^2 + c_1 v_y^2 + c_2 v_z + c_1 v_z^2 = 0 \tag{5.17}$$

又因为 e_{Lp} 是单位矢量,故

$$\| e_{Lp} \|^2 = c_1^2 v_x^2 + c_1^2 v_y^2 + (c_2 + c_1 v_z)^2 = 1 \tag{5.18}$$

联立式(5.17)和式(5.18)解得

$$\begin{cases} c_1 = -\dfrac{v_z}{v\sqrt{v_x^2 + v_y^2}} \\[4mm] c_2 = \dfrac{v}{\sqrt{v_x^2 + v_y^2}} \end{cases} \tag{5.19}$$

于是将式(5.19)代入式(5.16)中,整理得

$$e_{Lp} = \frac{1}{v\sqrt{v_x^2 + v_y^2}} \begin{bmatrix} -v_x v_z \\ -v_y v_z \\ v_x^2 + v_y^2 \end{bmatrix} \tag{5.20}$$

求出该单位矢量后,还需要求出绕 V 旋转角度 φ 对应的方向余弦阵。根据相关理论[144],绕单位矢量 ω 旋转角度 θ 对应的方向余弦阵

$$R(\omega, \theta) = e^{\omega^{\times} \theta} \tag{5.21}$$

其中 $\omega^{\times}$ 为矢量 ω 的反对称阵,具体写作如下形式

$$\omega^{\times} = \begin{bmatrix} \omega_x \\ \omega_y \\ \omega_z \end{bmatrix}^{\times} = \begin{bmatrix} 0 & -\omega_z & \omega_y \\ \omega_z & 0 & -\omega_x \\ -\omega_y & \omega_x & 0 \end{bmatrix} \tag{5.22}$$

又根据 Rodrigues 公式

$$e^{\omega^{\times} \theta} = I + \omega^{\times} \sin\theta + (\omega^{\times})^2 (1 - \cos\theta) \tag{5.23}$$

可求得

$$\begin{aligned} R\left(\frac{V}{v}, \varphi\right) &= I + \frac{V^{\times}}{v}\sin\varphi + \left(\frac{V^{\times}}{v}\right)^2 (1 - \cos\varphi) \\[2mm] &= \frac{1}{v^2} \begin{bmatrix} v_x^2(1-c_\varphi) + v^2 c_\varphi & v_x v_y(1-c_\varphi) - v_z v s_\varphi & v_x v_z(1-c_\varphi) + v_y v s_\varphi \\ v_x v_y(1-c_\varphi) + v_z v s_\varphi & v_y^2(1-c_\varphi) + v^2 c_\varphi & v_y v_z(1-c_\varphi) - v_x v s_\varphi \\ v_x v_z(1-c_\varphi) - v_y v s_\varphi & v_y v_z(1-c_\varphi) + v_x v s_\varphi & v_z^2(1-c_\varphi) + v^2 c_\varphi \end{bmatrix} \end{aligned} \tag{5.24}$$

式中:为了书写简洁,c_φ 和 s_φ 分别是 $\sin\varphi$ 和 $\cos\varphi$ 的缩写。因此,升力矢量

$$L = L R\left(\frac{V}{v}, \varphi\right) e_{Lp} = \gamma \sin\lambda \begin{bmatrix} \dfrac{\sin\varphi\,(v_y^3 + v_x^2 v_y s_\varphi + v_y v_z^2) - v v_x v_z \cos\varphi}{\sqrt{v_x^2 + v_y^2}} \\[3mm] -\dfrac{\sin\varphi\,(v_x^3 + v_x v_y^2 + v_x v_z^2) + v v_y v_z \cos\varphi}{\sqrt{v_x^2 + v_y^2}} \\[3mm] \cos\varphi\, v\sqrt{v_x^2 + v_y^2} \end{bmatrix} \qquad (5.25)$$

于是,合力

$$F_a = L + D \qquad (5.26)$$

注意当 $v_x = v_y = 0$ 时,式(5.25)分母为 0,升力表示会出现奇异,其原因同 $SO(3)$ 的万向锁现象类似。但个别点的奇异并不会对整个动力学方程有影响,飞行速度也几乎不可能完全沿着垂直方向。

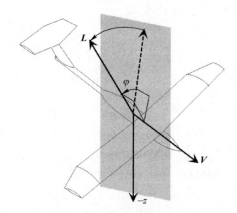

图 5.2　飞行器升力矢量计算图示

将式(5.4)、式(5.6)、式(5.8)、式(5.15)、式(5.25)和式(5.26)代入公式(5.1),经过整理,可以得到动态滑翔的一般动力学方程

$$\dot{v}_x = -\gamma\cos\lambda\, v v_x + \gamma\sin\lambda\, v\,\frac{v v_y \sin\varphi - v_x v_z \cos\varphi}{\sqrt{v_x^2 + v_y^2}} + \frac{\partial W_x}{\partial x}v_x + \frac{\partial W_x}{\partial y}v_y + \frac{\partial W_x}{\partial z}v_z$$

$$\dot{v}_y = -\gamma\cos\lambda\, v v_y - \gamma\sin\lambda\, v\,\frac{v v_x \sin\lambda + v_y v_z \cos\lambda}{\sqrt{v_x^2 + v_y^2}} + \frac{\partial W_y}{\partial x}v_x + \frac{\partial W_y}{\partial y}v_y + \frac{\partial W_y}{\partial z}v_z$$

$$\dot{v}_z = -\gamma\cos\lambda\, v v_z + \gamma\sin\lambda\cos\varphi\, v\sqrt{v_x^2 + v_y^2} - g + \frac{\partial W_z}{\partial x}v_x + \frac{\partial W_z}{\partial y}v_y + \frac{\partial W_z}{\partial z}v_z$$

对于 x 反方向的水平梯度风,根据式(5.7),以上方程可以化为

$$\dot{v}_x = -\gamma\cos\lambda vv_x + \gamma\sin\lambda v\frac{vv_y\sin\varphi - v_x v_z\cos\varphi}{\sqrt{v_x^2 + v_y^2}} + \beta v_z \qquad (5.27)$$

$$\dot{v}_y = -\gamma\cos\lambda vv_y - \gamma\sin\lambda v\frac{vv_x\sin\lambda + v_y v_z\cos\lambda}{\sqrt{v_x^2 + v_y^2}} \qquad (5.28)$$

$$\dot{v}_z = -\gamma\cos\lambda vv_z + \gamma\sin\lambda\cos\varphi v\sqrt{v_x^2 + v_y^2} - g \qquad (5.29)$$

对于动态滑翔的动力学方程,可能在不同的文献中呈现出其他形式,见参考文献[129]和[121]中采用了球坐标形式的方程,但实际上所有这些动力学方程都是等价的,是同一矢量方程在不同坐标基矢下的展开。这些方程都是微分同胚的,因而只需研究其中一种方程即可。

5.2　平衡曲线方程

在微分动力系统的相关理论中,对于系统 $\dot{x} = f(x)$ 空间中的点 $x = x^*$,若系统从 x^* 点开始,未来的任意时刻都将在 x^* 点保持不变,则 x^* 点称为平衡点。平衡点是动力学系统中的重要概念,满足方程 $f(x) = 0$。对于动态滑翔动力学,其平衡点为始终保持不变的速度。若存在 v_z 为正的平衡点,则意味着飞行器能够以此平衡点对应的速度持续上升。因此本节将求出平衡点的具体形式并证明其存在性。

5.2.1　求解平衡方程

根据平衡点的定义,动态滑翔系统模型式(5.27)~式(5.29)的平衡点满足其动力学方程等号右边为 0 形成的代数方程。等号右边为 0 也等价于飞行器所受合力为 0,即受力平衡。因此,求解平衡点的问题就可以转化为求解受力平衡的问题。根据第 4 章的受力分析,可知飞行器受到重力、气动力和动态滑翔力三个力的共同作用。因而,受力平衡方程为

$$\boldsymbol{G} + \boldsymbol{F}_a + \boldsymbol{F}_i = 0 \qquad (5.30)$$

将 $\boldsymbol{F}_a$ 移到方程右边,并对方程两边取模可得

$$|\boldsymbol{G} + \boldsymbol{F}_i| = \boldsymbol{F}_a \qquad (5.31)$$

将式(5.7)、式(5.8)和式(5.12)代入式(5.31),经整理得到

$$v^4 = \frac{m^2(g^2 + \beta^2 v_z^2)}{\gamma^2} \qquad (5.32)$$

再对式(5.30)两边点乘 $\boldsymbol{V}$,移项可得

$$\boldsymbol{F}_a \cdot \boldsymbol{V} = -(m\boldsymbol{g} + \boldsymbol{F}_i) \cdot \boldsymbol{V} \qquad (5.33)$$

从图 5.1 可以看出,气动力在速度方向上的投影就是阻力,那么方程(5.33)等号左边可以表示为

$$\boldsymbol{F}_a \cdot \boldsymbol{V} = -\gamma \cos\lambda v^3 \tag{5.34}$$

同时式(5.34)等号右边可以表示为

$$-(m\boldsymbol{g} + \boldsymbol{F}_i) \cdot \boldsymbol{V} = mv_z(g - \beta v_x) \tag{5.35}$$

将式(5.35)和式(5.36)代入式(5.34)可得

$$-\gamma \cos\lambda v^3 s = mv_z(g - \beta v_x) \tag{5.36}$$

由此,可以计算出 v_x 关于 v_z 的表达式为

$$v_x = \frac{v^3 \gamma \cos\lambda + mgv_z}{m\beta v_z} \tag{5.37}$$

其中,R_w 和 R_g 是为了表达简洁而按下式定义的参数

$$R_w \triangleq \frac{m\beta}{\gamma}, \quad R_g \triangleq \frac{mg}{\gamma} \tag{5.38}$$

于是,式(5.33)和式(5.38)可以重新写成

$$v = (R_g^2 + R_w^2 v_z^2)^{1/4} \tag{5.39}$$

$$v_x = \frac{v^3 \cos\lambda + v_z R_g}{R_w v_z} \tag{5.40}$$

而对于 v_y 的表达式,则利用下式计算

$$v_y = \pm\sqrt{v^2 - v_x^2 - v_z^2} \tag{5.41}$$

式(5.39)~式(5.41)意味着 v_x、v_y 都是 v_z 的函数,且不难验证它们使得动力学方程式(5.27)、式(5.28)等号右边为 0。而对于式(5.29),令其等号右边为 0,并利用式(5.39)~式(5.41)整理可得滚转角关于 v_z 的函数为

$$\varphi(v_z) = \mp\arccos\left(\frac{v_z(R_w^2 v_z^2 + R_g^2)^{1/4}\cos\lambda + R_g}{\sin\lambda(R_w^2 v_z^2 + R_g^2)^{1/4}\sqrt{\sqrt{R_w^2 v_z^2 + R_g^2} - v_z^2}}\right) \tag{5.42}$$

式中正负号的选择与式(5.41)中的正负号相对应。至此可知式(5.39)~式(5.42)就是平衡点的表达式,而且是随 v_z 变化的。这构成了以 v_z 为自变量的一条平衡曲线

$$\begin{cases} v_x(v_z) = (v^3\cos\lambda + v_z R_g)/(R_w v_z) \\ v_y(v_z) = \pm\sqrt{v^2(v_z) - v_x^2 - v_z^2} \\ v(v_z) = (R_g^2 + R_w^2 v_z^2)^{1/4} \end{cases} \tag{5.43}$$

当 $v_z > 0$ 时,飞行器会以平衡点处的速度上升,称这类平衡点为上升平衡点。反之,当 $v_z < 0$ 时,飞行器会以平衡点处的速度下降,称这类平衡点为下降平衡点。

5.2.2　平衡曲线的存在性

假设式(5.43)第二个方程和式(5.42)中的根号下非负,则式(5.43)一定是平衡曲线中的一点。反之,若某点位于平衡曲线上,则以上假设一定成立。因而,平衡曲线的存在性与这些假设是否满足是等价的。

对于式(5.42)根号下非负,首先可得约束

$$v^2 - v_z^2 = \sqrt{R_w^2 v_z^2 + R_g^2} - v_z^2 \geq 0 \tag{5.44}$$

下面的命题 5.1 给出了不等式(5.44)的解。

命题 5.1　方程(5.44)的解为

$$-v_{z\max} \leq v_z \leq v_{z\max} \tag{5.45}$$

其中

$$v_{z\max} = \sqrt{\frac{R_w^2 + \sqrt{R_w^4 + 4R_g^2}}{2}} \tag{5.46}$$

证明: 不难看出,不等式(5.44)等效于式(5.47):

$$v_z^4 - R_w^2 v_z^2 - R_g^2 \leq 0 \tag{5.47}$$

不等式左边可以看成是 v_z^2 的二次函数,那么不等式(5.47)等价于对应的一元二次有理方程有非负根。

从式(5.47)可以看出,二次方程存在实根且两根之和大于 0、两根之积小于 0。那么可以求出二次方程的正根为

$$(v_{z\max})^2 \triangleq \frac{R_w^2 + \sqrt{R_w^4 + 4R_g^2}}{2} \tag{5.48}$$

因此其满足不等式(5.44)的解就是式(5.45)和式(5.46)。

在命题 5.1 的基础上,进一步对式(5.43)中第二个方程的根式展开得待求不等式为

$$\sqrt{R_g^2 + R_w^2 v_z^2} - v_z^2 \geq \left(\frac{(R_g^2 + R_w^2 v_z^2)^{3/4} \cos\lambda}{R_w v_z} + \frac{R_g}{R_w} \right)^2 \tag{5.49}$$

于是可以得到下面的命题 5.2。

命题 5.2　不等式(5.49)等价于

$$[f_1(v_z) - \cos\lambda][f_2(v_z) - \cos\lambda] \leq 0 \tag{5.50}$$

其中

$$f_1(v_z) \triangleq v_z \cdot \frac{-R_w \sqrt{\sqrt{R_w^2 v_z^2 + R_g^2} - v_z^2} - R_g}{(R_w^2 v_z^2 + R_g^2)^{\frac{3}{4}}} \tag{5.51}$$

93

$$f_2(v_z) \triangleq v_z \cdot \frac{R_w \sqrt{\sqrt{R_w^2 v_z^2 + R_g^2} - v_z^2} - R_g}{(R_w^2 v_z^2 + R_g^2)^{\frac{3}{4}}} \tag{5.52}$$

证明: 根据不等式(5.49),可得

$$\sqrt{\sqrt{R_g^2 + R_w^2 v_z^2} - v_z^2} - \frac{R_g}{R_w} \geqslant \frac{(R_g^2 + R_w^2 v_z^2)^{3/4} \cos\lambda}{R_w v_z} \geqslant -\sqrt{\sqrt{R_g^2 + R_w^2 v_z^2} - v_z^2} - \frac{R_g}{R_w} \tag{5.53}$$

为了把 $R_w v_z$ 乘到式(5.53)的两边,而 v_z 可正可负,所以式(5.53)等价为如下形式

$$\left(\cos\lambda - v_z \cdot \frac{R_w \sqrt{\sqrt{R_g^2 + R_w^2 v_z^2} - v_z^2} - R_g}{(R_g^2 + R_w^2 v_z^2)^{3/4}} \right)$$

$$\cdot \left(\cos\lambda + v_z \cdot \frac{R_w \sqrt{\sqrt{R_g^2 + R_w^2 v_z^2} - v_z^2} + R_g}{(R_g^2 + R_w^2 v_z^2)^{3/4}} \right) \leqslant 0 \tag{5.54}$$

即不等式(5.50)。

不等式(5.50)的解集就是 $\cos\lambda$ 夹在两个函数中间的部分所对应的 v_z 区间。若不等式(5.50)成立,则式(5.43)一定有解,于是易知式(5.42)的解也一定存在。

根据命题5.1和命题5.2,就自然得到下面的平衡曲线存在性定理。

定理5.1(平衡曲线存在性定理) 平衡曲线方程(5.43)中自变量 v_z 的定义域为式(5.45)和不等式(5.50)解集的交集。

下面我们以在不同风梯度的风场中的信天翁滑翔为例来说明这个定理。

某信天翁和环境的参数分别见表5.1和表5.2所列,其中数据来源于参考文献[143]。

表 5.1　信天翁参数

参数名称	质量/kg	翼面积/m²	升力系数	阻力系数
数值	8.5	0.63	1.32	0.066

表 5.2　飞行环境参数

参数名称	重力加速度/(m/s²)	大气密度/(kg/m³)	风梯度/s⁻¹
数值	9.8	1.22	0~1.4

当风梯度为 $1\mathrm{s}^{-1}$ 时,可以计算出其对应的 R_w 和 R_g 分别为16.74和164.01,$\cos\lambda$ 等于0.05。利用式(5.46)计算出此时的 v_{zmax} 为18.86。如图5.3所示画出了此时函数 $f_1(v_z)$ 和 $f_2(v_z)$ 的曲线,在图中它们与 $\cos\lambda$ 各有两个交点。图中由交点连接而成的灰色区域满足不等式(5.50),根据定理5.1可知,灰色区域

对应的横坐标区间就是 v_z 的解集。从图中可见,这个区间为 $[-14.87, -0.28] \cup$ $[2.18, 11.80]$,即信天翁此时只能以这个区间内的 v_z 匀速上升或下降。

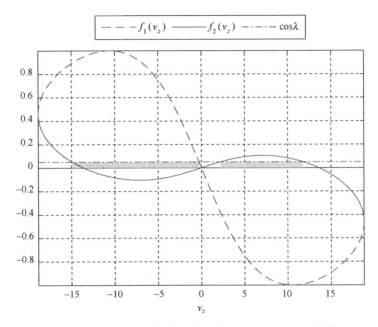

图 5.3 风梯度为 $1\mathrm{s}^{-1}$ 时信天翁对应的 $f_1(v_z)$ 和 $f_2(v_z)$ 曲线

从图 5.3 还能够观察到 $f_1(v_z)$ 的最大值恰好为 1。后文的命题 5.3 可以证明,对于任意参数,$f_1(v_z)$ 的最大值都是 1。如图 5.4 所示画出了速度空间中的平衡曲线,图中曲线分为两个分支,分别对应图 5.3 中的两个灰色阴影区域。其中一个曲线分支全部由下降平衡点所构成,称这个分支为下降平衡曲线。同理,另一全部由上升平衡点构成的分支,称为上升平衡曲线。上升平衡曲线的最高点对应最快的爬升率,从图 5.4 可见信天翁在 $1\mathrm{s}^{-1}$ 的风梯度下的最快爬升率为 11.8m/s。式(5.42)显示滚转角分为正负两部分,如图 5.5 所示为平衡曲线中正的滚转角关于 v_z 的函数,对应于公式(5.43)中 v_y 为负的一半平衡曲线。由图 5.5 可见在平衡曲线定义域的区间端点处滚转角为 $0°$,下降平衡曲线的最大滚转角约为 $28°$,而上升平衡曲线的最大滚转角约为 $16°$。

当改变风梯度参数为 0.8 时,将图 5.3 和图 5.4 重新画为图 5.6 和图 5.7。如图 5.6 和图 5.7 所示可以看出,此时 v_z 的定义域不同于风梯度 $1\mathrm{s}^{-1}$ 的情形,只有一个分支,且该分支上都是下降平衡点,因而此时只有下降平衡曲线,没有上升平衡曲线。由此可知,上升平衡点并不总存在,后文的定理 5.3 将给出上升平衡曲线存在的一个充分必要条件。而对于下降平衡曲线,它可由后文的定理

5.2 证明其对于任意参数总是存在。如图 5.8 所示也可看到此时的最大滚转角只有 12°左右,比风梯度为 1s⁻¹ 时小了 16°。

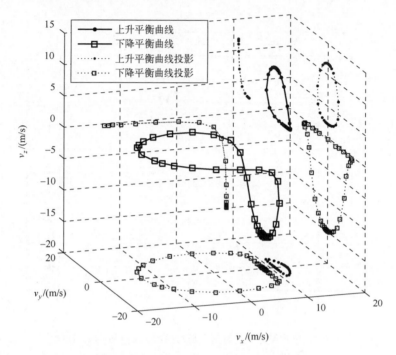

图 5.4   风梯度为 1s⁻¹ 时信天翁的平衡曲线

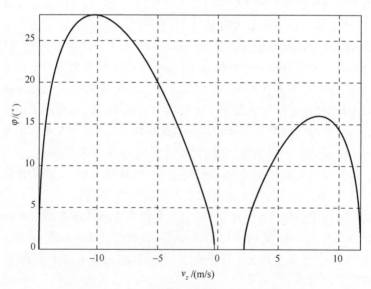

图 5.5   风梯度为 1 s⁻¹ 时信天翁的平衡点上正滚转角随 v_z 变化曲线

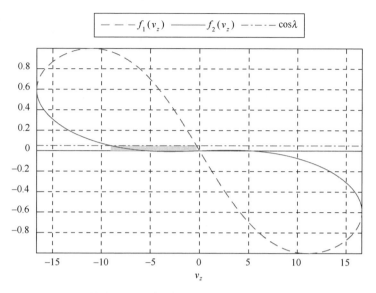

图 5.6　风梯度为 $0.8\mathrm{s}^{-1}$ 时信天翁对应的 $f_1(v_z)$ 和 $f_2(v_z)$ 曲线

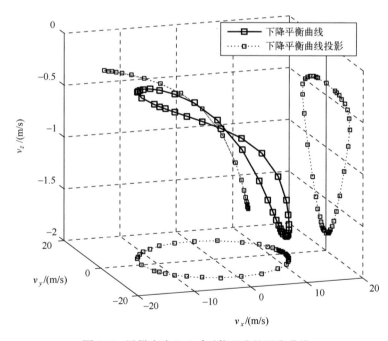

图 5.7　风梯度为 $0.8\mathrm{s}^{-1}$ 时信天翁的平衡曲线

如图 5.9 所示,随着风梯度增大,上升平衡曲线和下降平衡曲线的 v_z 变化范围在增大,滚转角的变化范围也在增大,且上升和下降平衡曲线在靠近。一个平凡的例子是风梯度为 0 的情形,也就是没有梯度风的情况。如图 5.10 和图 5.11 所示,此时 v_z 的定义域退化为一点,该 v_z 对应传统飞行力学中的最小下沉速度,其平衡曲线上的点全部都对应该下滑状态。在这种情况下,信天翁以 0.64m/s 的下沉率下降,空速是 12.8m/s。图 5.10 中的平衡曲线也恰好显示为圆形。此时平衡飞行的滚转角只能为 0。这些结论都同传统飞行力学的相关结果一致[145]。

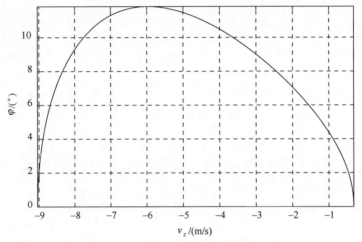

图 5.8　风梯度为 $0.8s^{-1}$ 时信天翁的平衡点上正滚转角随 v_z 变化曲线

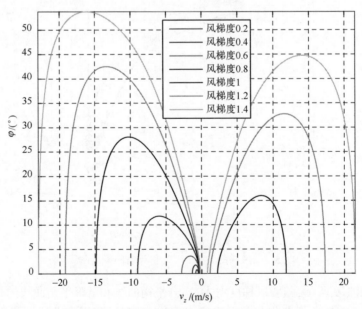

图 5.9　风梯度为 $0\sim1.4s^{-1}$ 时信天翁的平衡点上正滚转角随 v_z 变化曲线

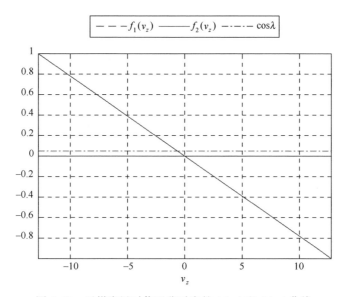

图 5.10　无梯度风时信天翁对应的 $f_1(v_z)$ 和 $f_2(v_z)$ 曲线

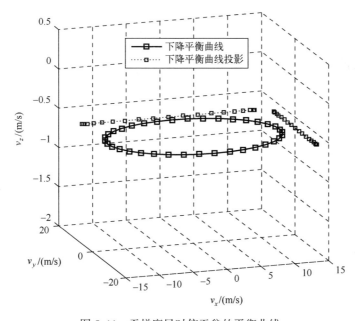

图 5.11　无梯度风时信天翁的平衡曲线

　　从上面的例子看到,上升平衡曲线不总存在,而下降平衡曲线总是存在。为了从理论上讨论上升和下降平衡曲线的存在性,需要先证明下面的命题。

　　命题 5.3　$f_1(v_z)$ 在区间 $[-v_{z\max},0]$ 上的值域为 $[0,1]$。

证明：关于最小值，当 $v_z \leqslant 0$ 时，$f_1(v_z)$ 显然是非负的且 $f_1(0)=0$，所以 $f_1(v_z)$ 在 $[-v_{z\max},0]$ 区间上的最小值为 0。

接着证明在 $[-v_{z\max},0]$ 区间上的最大值为 1，这个证明需要借助几何关系。如图 5.12 所示，令速度 $\boldsymbol{V}$ 与合力 $\boldsymbol{G}+\boldsymbol{F}_i$ 之间的夹角为 δ。

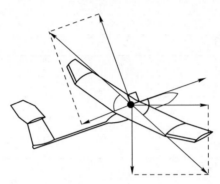

图 5.12　受力平衡示意图

则 δ 可以用下式计算

$$\cos\delta = \frac{(m\boldsymbol{g}+\boldsymbol{F}_i)\cdot\boldsymbol{V}}{|m\boldsymbol{g}+\boldsymbol{F}_i|v} \tag{5.55}$$

若式 (5.31) 成立，则可以得到式 (5.39)。将式 (5.39) 和式 (5.35) 代入方程 (5.55)，可得

$$\cos\delta = \frac{mv_z(\beta v_x-g)}{(R_g^2+R_w^2 v_z^2)^{1/4}\sqrt{m^2\beta^2 v_z^2+m^2 g^2}} \tag{5.56}$$

进一步整理得

$$\cos\delta = \frac{v_z}{(R_w^2 v_z^2+R_g^2)^{3/4}}(v_x R_w-R_g) \tag{5.57}$$

其中的 v_x 还可以写成

$$v_x = \cos\psi\sqrt{v^2-v_z^2} \tag{5.58}$$

其中 ψ 是偏航角。将式 (5.58) 代入式 (5.57)，可得

$$\cos\delta = \frac{v_z}{(R_w^2 v_z^2+R_g^2)^{3/4}}\left(\cos\psi R_w\sqrt{\sqrt{R_w^2 v_z^2+R_g^2}-v_z^2}-R_g\right) \tag{5.59}$$

当 ψ 为 $-180°$ 时，上式右边恰好等于 $f_1(v_z)$，定义此时 δ 对应的角度为 δ_1，即

$$\cos\delta_1 \triangleq f_1(v_z) \tag{5.60}$$

因此证明了 $f_1(v_z)\leqslant 1$。如图 5.13 所示为 ψ 为 $-180°$ 时力矢量间的几何关系。

100

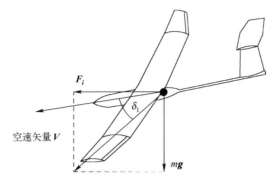

图 5.13　偏航角为 −180° 时力矢量间的几何关系

当 v_z 为 0 时，惯性力为 0，那么对应的 δ_1 为 90°。当 $v_z = -v_{z\max}$ 时，不难算出 $v = v_{z\max}$，意味着空速矢量平行于 z 轴方向。又由于当 $v_z \leqslant 0$ 时，动态滑翔力始终指向 x 轴负方向，所以此时 δ_1 为负。δ_1 显然是随着 v_z 连续变化的，因此 δ_1 可以取到这个区间上的任意角度，对应于 $\cos\delta_1$ 的变化范围就是 $[0,1]$，因此 $f_1(v_z)$ 的变化范围也是 $[0,1]$。

利用命题 5.3 可以得到下面关于下降平衡点存在性的定理 5.2。

定理 5.2(下降平衡曲线存在性定理)　对于任意系统，方程(5.27)~(5.29)总存在下降平衡曲线。

证明： $\cos\lambda$ 是 0 到 1 之间的常数，且由命题 5.3 可知，根据介值定理在区间 $[-v_{z\max}, 0]$ 上总存在方程 $\cos\lambda = f_1(v_z)$ 的解，而且满足不等式(5.50)。因此根据命题 5.2，下降平衡曲线总是存在。

而对于上升平衡曲线，则有定理 5.3。

定理 5.3(上升平衡曲线存在性定理)　系统模型方程(5.27)~(5.29)存在上升平衡曲线，当且仅当不等式

$$\max_{0 \leqslant v_z \leqslant v_{z\max}} f_2(v_z) \geqslant \cos\lambda \tag{5.61}$$

成立。

证明： 首先证明必要性。如果上升平衡曲线存在，根据命题 5.2，在区间 $[0, v_{z\max}]$ 上一定存在 v_z 满足不等式(5.50)。由于 $f_1(v_z) \leqslant 0 \leqslant \cos\lambda$，可以推出 $f_2(v_z) \geqslant \cos\lambda$。因为 $f_2(v_z)$ 显然是在区间 $[0, v_{z\max}]$ 上的有界连续函数，所以一定有最大值。因此其最大值也大于 $\cos\lambda$。

再证明充分性。重新定义 v_z^* 为使得 $f_2(v_z)$ 在区间 $[0, v_{z\max}]$ 上取最大值的自变量。假设不等式(5.61)成立，那么 $f_2(v_z^*) \geqslant \cos\lambda$，且 $f_1(v_z^*) \leqslant \cos\lambda$ 使得不等式(5.50)成立。根据定理 5.1，在 v_z^* 处一定存在平衡点。因此上升平衡曲线存在。综上所述，定理得证。

如果 $f_2(v_z)$ 的最大值恰好等于 $\cos\lambda$,上升平衡曲线就会退化为一点,此时只有一个上升平衡点。

当风梯度为 $1s^{-1}$ 时,$\cos\lambda$ 等于 0.05,而 $f_2(v_z)$ 的最大值为 0.1,大于 $\cos\lambda$。因而根据定理 5.3,此时存在上升平衡点,与图 5.3 所示一致。

对于上升平衡曲线上的任意一平衡点,飞行器都处于匀速上升状态,所以飞行器的重力势能一直在增加,而动能保持不变,故总机械能在增加。同理,下降平衡曲线上任意一点总机械能在减少。因此,显然可以得到推论 5.1。

推论 5.1 对于系统式(5.27)~式(5.29),上升平衡曲线一定位于能增纺锤体内部,而下降平衡曲线一定全部位于能增纺锤体外部。

对于动态滑翔系统,一般飞行器的升阻比都非常大。当升阻比趋于 ∞ 时,该极限情况等价于飞行器阻力系数为 0。下文以信天翁为例来讨论这种极限情况。

假设表 5.1 中的阻力系数为 0 而其他参数保持不变,则此时 $\cos\lambda$ 也为 0。当风梯度为 $1s^{-1}$ 时,如图 5.14 所示上升下降平衡曲线都存在。因为 $\cos\lambda$ 为 0,v_z 的定义域连成了一个完整区间,所以在如图 5.15 所示中上升和下降平衡曲线连成了一条闭合曲线。

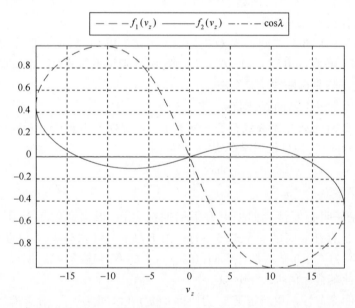

图 5.14　假设阻力系数为 0,当风梯度为 $1s^{-1}$ 时信天翁对应的 $f_1(v_z)$ 和 $f_2(v_z)$ 曲线

当阻力系数为 0 时,会出现一种特殊情况,此时虽然定理 5.3 的条件能够满足,但可能只存在垂直速度 v_z 为 0 的平衡点。比如当风梯度为 $0.5s^{-1}$ 时,如

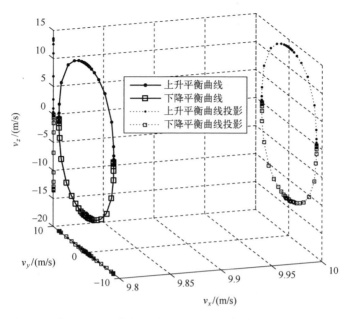

图 5.15　假设阻力系数为 0,当风梯度为 $1s^{-1}$ 时信天翁的平衡曲线

图 5.16 所示,只有原点处满足不等式(5.61),所以只有在 v_z 为 0 处存在平衡点。

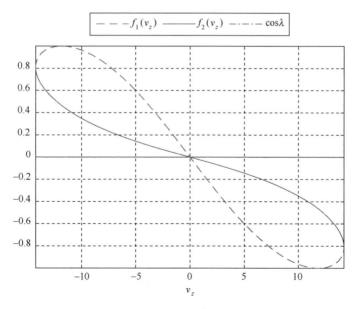

图 5.16　假设阻力系数为 0,当风梯度为 $0.5s^{-1}$ 时信天翁对应的 $f_1(v_z)$ 和 $f_2(v_z)$ 曲线

因此,若要求飞行器能够严格上升,则必须满足下面推论所要求的条件。

推论 5.2 若系统模型方程(5.27)~(5.29)存在上升的平衡点,则一定有

$$\beta > \sqrt{g\gamma} \tag{5.62}$$

证明:若存在严格上升的平衡点,即在区间$(0, v_{zmax}]$上存在平衡点。若在该区间上存在平衡点,则等价于

$$\max_{0 < v_z \leqslant v_{zmax}} f_2(v_z) \geqslant \cos\lambda \tag{5.63}$$

而且易知$f_2(v_z)$是凸函数,因此其最大值必在其驻点或边界处取得。而$f_2(v_z)$是过原点的函数,若其在原点处的导数

$$\frac{\mathrm{d}}{\mathrm{d}v_z} f_2(v_z) \bigg|_{v_z=0} = \frac{R_w \sqrt{R_g} - R_g}{R_g^{3/2}} \tag{5.64}$$

小于等于 0,则其最大值一定在原点处取得。因而,其导数一定大于 0,于是根据式(5.64)可得不等式(5.62)。推论得证。

5.3　平衡上升指标判据

在平衡曲线中,上升平衡曲线才是值得关注的重点。因为在无动力情况下利用上升平衡曲线,飞行高度可以匀速爬升,从而使得飞机在空中持续飞行,这正是动态滑翔想要达到的。可是,定理 5.3 的上升平衡曲线存在性定理对于工程师使用并不方便,它和参数之间的关系不够直接,于是这一节从定理 5.3 进一步推导出一个形式更为简单直接的判据,工程师可以方便地使用这个判据评估和设计系统。

首先给出判据的形式,然后再提供证明并详细论述。定义平衡上升指标为两个因子的乘积如下

$$\Pi \triangleq \Pi_e \Pi_a \tag{5.65}$$

式中:Π_e称为环境因子,定义为

$$\Pi_e \triangleq \frac{1}{\beta} \sqrt{\frac{g\rho}{2}} \tag{5.66}$$

因为式(5.66)中的所有量都只和环境有关。Π_a称为飞机因子,其定义只和飞机本体参数有关,它还可以进一步展开成另外两个因子的乘积

$$\Pi_a \triangleq \Pi_S \Pi_A \tag{5.67}$$

式中:Π_A称为气动因子,因为其只和气动参数有关,它定义为

$$\Pi_A \triangleq h(L/D)(C_L^2 + C_D^2)^{\frac{1}{4}} \tag{5.68}$$

式中:$h(L/D)$是一个单调下降函数,可以部分近似表达为

$$h(L/D) \approx 10^{-0.1177[\lg(L/D)]^3 + 0.5525[\lg(L/D)]^2 - 0.9116\lg(L/D) + 0.5809} \qquad 0.3 \leqslant L/D \leqslant 60$$

$$\tag{5.69}$$

或可以查表得到。另外,结构因子 Π_S 是翼载荷倒数的平方根,即

$$\Pi_S = \sqrt{\frac{s}{m}} \tag{5.70}$$

综上所述,平衡上升指标是三个因子的乘积,利用乘积式可以把问题解耦并各个击破。根据平衡上升指标可以直接根据相关参数判断上升平衡点是否存在,而不必再像定理 5.3 那样计算函数的最大值后再判断。下文将给出平衡上升指标定理及其证明。

定理 5.4(平衡上升指标判据)　系统模型方程(5.27)~(5.29)存在上升平衡点,当且仅当平衡上升指标

$$\Pi \leqslant 1 \tag{5.71}$$

证明: 定义参数

$$\eta \triangleq \frac{R_w}{\sqrt{R_g}} \tag{5.72}$$

从而归一化 v_z 得到

$$v_{zn} \triangleq v_z / v_{z\max} \tag{5.73}$$

那么 $f_2(v_z)$ 也可以归一化为

$$f_2(v_z) = f_{2n}(v_{zn}) = v_{zn} \frac{\sqrt{\Omega}\left(-2 + \sqrt{2}\,\eta\sqrt{-\Omega v_{zn}^2 + \sqrt{2}\,\sqrt{2 + \Omega\eta^2 v_{zn}^2}}\,\right)}{2^{\frac{3}{4}}\left(2 + \Omega\eta^2 v_{zn}^2\right)^{\frac{3}{4}}} \tag{5.74}$$

其中

$$\Omega \triangleq \eta^2 + \sqrt{4 + \eta^4} \tag{5.75}$$

不难发现函数 $f_{2n}(v_{zn})$ 只依赖唯一的参数 η。于是,定义函数

$$K_1(\eta) \triangleq \max_{0 < v_{zn} \leqslant 1} f_{2n}(v_{zn}) \tag{5.76}$$

那么可以改写不等式(5.61)为

$$K_1(\eta) \geqslant \cos\lambda \tag{5.77}$$

式中对于 $K_1(\eta)$ 求不出解析表达式,但通过数值求解发现它是一个单调上升函数,如图 5.17 所示。

η 必须大于 1,否则因为函数小于 0 定理 5.3 中的不等式(5.61)将无法满足。同时根据定理 5.3 和式(5.76)可得

$$K_1(\eta)\sqrt{(L/D)^2 + 1} \geqslant 1 \tag{5.78}$$

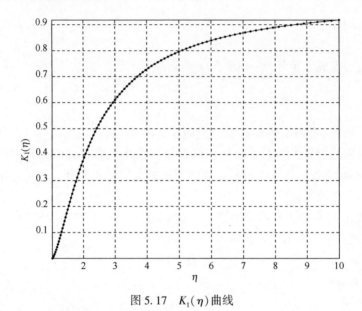

图 5.17 $K_1(\eta)$ 曲线

该不等式(5.78)成立等价于上升平衡曲线存在。由于 $K_1(\eta)$ 是单调上升函数,那么一定存在反函数。于是,根据式(5.78)进一步可知

$$\eta \geqslant K_1^{-1}\left(\frac{1}{\sqrt{(L/D)^2+1}}\right) \qquad (5.79)$$

定义 $K_1(\eta)$ 的反函数为

$$h(L/D) \triangleq K_1^{-1}\left(\frac{1}{\sqrt{(L/D)^2+1}}\right) \qquad (5.80)$$

可以数值求解得到如图 5.18 所示的曲线,可知该函数是单调下降的函数 $h(L/D)$ 可以用式(5.69)局部逼近,同时 η 可以展开为

$$\eta = \beta \sqrt{\frac{2}{g\rho}} \sqrt{\frac{m}{s}} \left(C_L^2+C_D^2\right)^{-\frac{1}{4}} \qquad (5.81)$$

将式(5.81)代入式(5.79),经整理可得判据

$$1 \geqslant \underbrace{\underbrace{\left(\frac{1}{\beta}\sqrt{\frac{g\rho}{2}}\right)}_{\Pi_e} \underbrace{\left(\sqrt{\frac{s}{m}}\right)}_{\Pi_S} \underbrace{\left[\left(C_L^2+C_D^2\right)^{\frac{1}{4}} h(L/D)\right]}_{\Pi_A}}_{\Pi_a} \qquad (5.82)$$

定理得证。

这个判据的数学形式相当简洁且清晰。这个判据把一个复杂问题解耦为三个独立学科的子问题,互不干扰,大大简化了分析的复杂性。

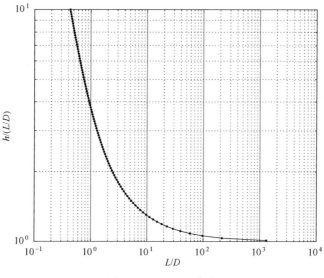

图 5.18　$h(L/D)$ 曲线

不妨定义 $(1/\varPi-1)$ 为平衡上升裕度,为了获得更大的裕度,各个因子的数值越小越好。由于平衡上升指标判据把各个子学科解耦,因此接下来只需逐一分析每一因子的影响即可。还可以对式(5.82)两边取对数,得到加和形式的判据。

推论 5.3　系统方程(5.27)~(5.29)存在上升平衡点,当且仅当下面不等式成立

$$\Sigma \geqslant 0 \tag{5.83}$$

其中

$$\Sigma \triangleq \Sigma_e + \Sigma_S - \Sigma_A \tag{5.84}$$

$$\Sigma_e \triangleq \lg\beta + \frac{1}{2}(\lg2 - \lg g - \lg\rho) \tag{5.85}$$

$$\Sigma_S \triangleq \frac{1}{2}\lg\left(\frac{m}{s}\right) \tag{5.86}$$

$$\Sigma_A \triangleq \frac{1}{4}\lg(C_L^2 + C_D^2) + \lg h(L/D) \tag{5.87}$$

以信天翁为例利用表 5.1 和表 5.2 所列的数据计算它的平衡上升指标。信天翁的升阻比为 20,经查表可得,对应的 $h(L/D)$ 约为 1.1。利用推论 5.3 可以计算出,Σ_S 为 0.57,Σ_A 为 -0.10。当风梯度为 $1s^{-1}$ 时,Σ_e 为 -0.39,此时 Σ 为

0.08,因而信天翁在梯度为 $1s^{-1}$ 的风中能够匀速爬升。当风梯度为 $0.5s^{-1}$ 时,Σ_e 为-0.69,此时 Σ 为-0.22,因而信天翁在该风梯度下无法匀速爬升。

5.3.1　最优升力系数

阻力系数通常可以写成下面升力系数的函数[145]

$$C_D = C_{D0} + nC_L^2 \tag{5.88}$$

其中 n 和 C_{D0} 是依赖飞行器翼型本身的参数。飞行器能够通过升降舵调整它相对于气流的迎角,从而可以改变升力系数 C_L。那么根据式(5.88)可知,阻力系数 C_D 也会随着升力系数而改变。因此,将式(5.88)和式(5.13)代入方程(5.68)得到

$$\Pi_A = h\left(\frac{C_L}{C_{D0}+nC_L^2}\right)\left[C_L^2+(C_{D0}+nC_L^2)^2\right]^{\frac{1}{4}} \tag{5.89}$$

于是 Π_A 成为了 C_L 的函数。为了使平衡上升指标 Π 尽量小,可以通过优化 C_L 的取值而最小化 Π_A。

假设信天翁的升力系数可变,且阻力系数的变化规律满足式(5.88),C_{D0} 和 n 分别取 0.033 和 0.019。此时,$\Pi_A(C_L)$ 的曲线如图 5.19 所示。

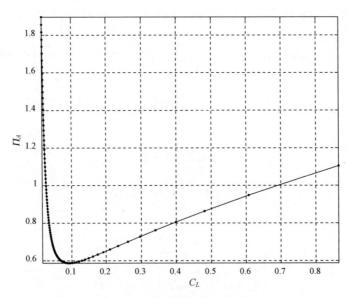

图 5.19　信天翁的 $\Pi_A(C_L)$ 曲线

从图 5.19 能够发现,对于信天翁最优的升力系数约为 0.1。此时信天翁的升阻比仅为 3,远远小于典型的固定翼飞行器的升阻比,对应的巡航速度为

46.6m/s。而表 5.1 中所列原有的气动参数对应的升阻比为 20,恰好对应信天翁的最大升阻比,此时的巡航速度为 12.8m/s。根据传统飞行力学,飞行器以最大升阻比滑翔可以滑翔得最远,下滑角度最小[145]。而对于动态滑翔,最大升阻比并不是最优的选择,从能量的角度或许可以帮助理解该现象。

因为在动态滑翔中不仅要考虑能量损失,更重要的是从风梯度中获取能量。虽然当升力系数较小时,更快的飞行速度导致更大的阻力,损失更多的能量,但是飞行器单位时间内穿越的风层也更厚,空速变化更大,从风梯度中吸收的能量也更多。因此,小升力系数时能量消耗多吸收也多。所以,最优升力系数是能量收支权衡的结果。例如在遥控山坡滑翔机运动中,飞机的飞行速度也要比平时快得多,遥控滑翔机运动爱好者们发现保持高速飞行是该项运动的诀窍。这从另一个方面佐证了理论结果。但对于信天翁来说,可能有其他一些原因限制其飞行速度。

5.3.2　最小风梯度与环境因子

根据定理 5.4,可以得到匀速上升所需的最小风梯度公式为

$$(\beta)_{\min} = \sqrt{\frac{g\rho}{2}}\sqrt{\frac{s}{m}}\left[\left(C_L^2+C_D^2\right)^{\frac{1}{4}}h(L/D)\right] \tag{5.90}$$

对于信天翁,利用表 5.1 和表 5.2 所列参数,通过式(5.90)可以计算出其平衡上升所需的最小风梯度为 0.9s⁻¹。

在地表附近,重力加速度和空气密度变化很小,因而可以认为环境因子是个不变的常数。但在高空,特别是位于临近空间高度时,环境因子就迥然不同了,因而其所需的最小风梯度也不同。

临近空间一般位于海平面 20km 到 100km 以上的空域,这个高度比一般大气飞行器能够飞行的高度更高却比轨道飞行器运行的高度低。在这个高度上,重力的效果会有所削弱而大气也会随着高度的增加而变得稀薄。如图 5.20 所示为地球重力加速度和大气密度随高度变化的曲线。

根据图 5.20 所示和式(5.90)可以求出信天翁在不同高度处匀速上升所需的最小风梯度,如图 5.21 所示的就是信天翁滑翔的最小风梯度随高度变化曲线。

从图 5.21 可以看出,随着高度的升高,信天翁所需的最小风梯度急剧减小。特别是进入高于 20km 的临近空间后,最小风梯度减少到小于地面附近的 1/4。因此,利用动态滑翔延长航时对于临近空间飞行器是个可行的方案。

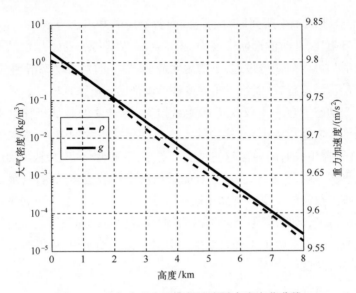

图 5.20　大气密度和重力加速度随高度变化曲线

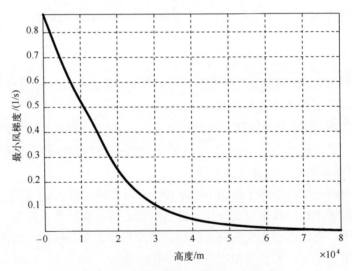

图 5.21　信天翁的最小风梯度随高度变化曲线

　　如图 5.22 所示是长沙地区不同高度的风速和风向曲线,由图中数据发现,临近空间存在着显著的风梯度,这更加证实了在临近空间利用动态滑翔技术延长飞行器航时的可能性。

　　NASA[146]和 ESA[1147]等机构考虑利用固定翼无人飞行器探索火星。早在 20 世纪 70 年代,NASA 曾经制作并试验了翼展为 6.7m 用于探索火星的 Mini-

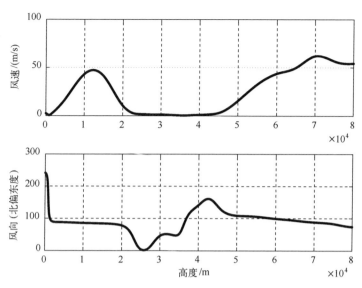

图 5.22　长沙地区风速和风向随高度变化曲线

Sniffer[146]。如图 5.23 所示是由瑞士洛桑理工大学的自主系统实验室设计的超轻自主太阳能无人飞行器模型,用来帮助 ESA 进行火星科考[147]。

图 5.23　Sky-Sailor 无人飞行器[147]

　　由于火星的重力加速度约为地球的 4/9,而且火星大气也比地球的稀薄(如图 5.24 所示),所以火星平衡上升所需的最小风梯度也远小于在地球上。如图 5.25 所示与表 5.1 所列中的信天翁有同样参数的飞行器在火星环境下不同高度上平衡上升所需的最小风梯度不到地球上的 1/10。火星上的风场随着高度变化本身也很剧烈,也有利于动态滑翔。

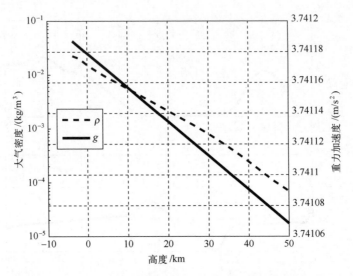

图 5.24　火星大气密度和重力加速度随高度变化曲线

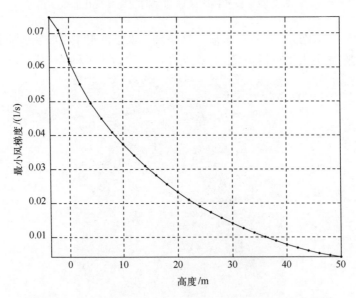

图 5.25　信天翁在火星环境下的最小风梯度随高度变化曲线

5.3.3　翼载荷

根据公式(5.70)可知,大的翼载荷可以产生小的结构因子 $\varPi_S$。那么对于平衡上升,更大的翼载荷显然是更有利的。大尺寸的飞行器通常比小尺寸的飞行器有更大的翼载荷。Mc Cormick 根据立方尺度原理提出了如下对于翼载荷

的估计

$$9.78\,(9.8m)^{\frac{1}{3}}-1.01\leqslant\frac{m}{s}\leqslant18.67\,(9.8m)^{\frac{1}{3}}-1.01 \tag{5.91}$$

Noth 利用他建立的飞行器数据库验证了这个估计的有效性[147]。虽然大翼载荷有利于动态滑翔,但翼载荷往往受到结构强度、巡航速度和任务设定的限制。

5.4　平衡曲线和能增纺锤体

根据推论 5.1,如果飞行器位于上升平衡点,则其匀速上升,因而动能不变,重力势能增大,总机械能增加,所以上升平衡曲线一定位于能增纺锤体内部。而如果飞行器位于下降平衡点,则其匀速下降,动能也不变,但重力势能减小,总机械能减少,所以下降平衡曲线一定位于能增纺锤体外部。如图 5.26 所示以信天翁在 $1s^{-1}$ 的梯度风场中为例展示了平衡曲线与能增纺锤体的关系。图中的半透明灰色曲面即为能增纺锤体的边界曲面。

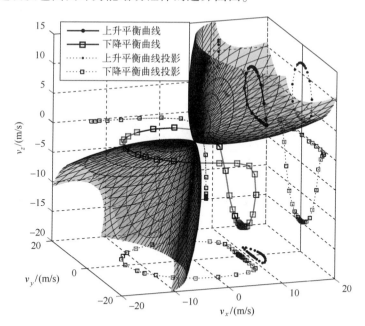

图 5.26　信天翁在风梯度为 $1s^{-1}$ 时的平衡曲线和能增纺锤体

5.5　本　章　小　结

　　本章分析了动态滑翔系统的平衡点,即在梯度风中飞行器空速可以保持不变的点。由于平衡点随着飞行器的滚转角改变而变化,所以不同滚转角对应的平衡点组成的集合形成了一条平衡曲线。经过数值仿真和理论推导,发现平衡曲线可以分为上升平衡曲线和下降平衡曲线两种类型。经证明,下降平衡曲线总存在,而上升平衡曲线的存在需满足一定条件。基于该条件,提出了更便于工程使用和计算的判据,只需利用上升平衡指标的大小判断即可。而上升平衡指标可以分解为互不干扰的三个系数因子的乘积,使多学科问题解耦,简化了分析难度。各个因子的作用和影响也得到进一步讨论。最后一节介绍了平衡曲线和能增纺锤体的关系,从能量角度印证了平衡曲线的相关结论。

第6章 平衡曲线的稳定性与分岔

第5章推导了动态滑翔系统的平衡点并详细讨论了平衡点的存在性,得到了随滚转角变化的平衡曲线。本章将讨论这些平衡点的稳定性以及参数对稳定性的影响,即分岔性质。稳定性是平衡点的基本动态性质,关系到动态滑翔系统是否具有自动保持在平衡点的能力。对于动态滑翔问题,则关系到飞行器能否在梯度风中以平衡点处的速度爬升或下滑。平衡曲线由改变滚转角得到的平衡点组成,因而这些平衡点的稳定性也可能有差异,平衡曲线上稳定性发生突变的点即为分岔点,这种分岔称为余维1的分岔。平衡曲线上余维1分岔点的性质也会随风梯度的改变而发生变化,这是余维2的分岔。为了减少影响系统结构的参数个数,本章首先对动力学模型归一化,并详细讨论了归一化模型的这两种分岔。

6.1 平衡点的分岔

在得到了动力学模型以后,利用无量纲的变量对方程归一化可以简化系统方程,从而可以得到动力学方程的某类关键特征参数。本节首先把梯度风动态滑翔的动力学方程归一化,定义了归一化的状态和归一化参数,也得到了归一化的平衡曲线。然后把归一化平衡曲线上的平衡点逐一计算其局部稳定性,找到稳定性发生突变的分岔点。本节以信天翁在四种不同的风梯度下的平衡曲线为例,计算平衡曲线上的分岔点,并根据平衡曲线上稳定性区域的差别比较这四种情况下不同的拓扑结构。

6.1.1 归一化方程

受到第5章的启发,为了更清晰地分析参数对于动力学拓扑性质的影响,令

$$\tau \triangleq t\sqrt{\gamma g} \qquad (6.1)$$

$$\tilde{v}_x \triangleq v_x\sqrt{\gamma/g}, \tilde{v}_y \triangleq v_y\sqrt{\gamma/g}, \tilde{v}_z \triangleq v_z\sqrt{\gamma/g} \qquad (6.2)$$

代入式(5.27)~式(5.29),可得归一化动力学方程为

$$\frac{\mathrm{d}\tilde{v_x}}{\mathrm{d}\tau} = -\cos\lambda\,\tilde{v}\,\tilde{v_x} + \sin\lambda\,\frac{\sin\varphi\,(\,\tilde{v_y}^3 + \tilde{v_x}^2\,\tilde{v_y} + \tilde{v_y}\,\tilde{v_z}^2\,) - \tilde{v}\,\tilde{v_x}\,\tilde{v_z}\cos\varphi}{\sqrt{\tilde{v_x}^2 + \tilde{v_y}^2}} + \eta\tilde{v_z} \qquad (6.3)$$

$$\frac{\mathrm{d}\tilde{v_y}}{\mathrm{d}\tau} = -\cos\lambda\,\tilde{v}\,\tilde{v_y} - \sin\lambda\,\frac{\sin\varphi\,(\,\tilde{v_x}^3 + \tilde{v_x}\,\tilde{v_y}^2 + \tilde{v_x}\,\tilde{v_z}^2\,) + \tilde{v}\,\tilde{v_y}\,\tilde{v_z}\cos\varphi}{\sqrt{\tilde{v_x}^2 + \tilde{v_y}^2}} \qquad (6.4)$$

$$\frac{\mathrm{d}\tilde{v_z}}{\mathrm{d}\tau} = -\cos\lambda\,\tilde{v}\,\tilde{v_z} + \sin\lambda\cos\varphi\,\tilde{v}\,\sqrt{\tilde{v_x}^2 + \tilde{v_y}^2} - 1 \qquad (6.5)$$

其中

$$\tilde{v} \triangleq \sqrt{\tilde{v_x}^2 + \tilde{v_y}^2 + \tilde{v_z}^2} \qquad (6.6)$$

由此可见,归一化动力学方程中的参数只有 φ、λ 和 η 三者。因此,影响动态滑翔形态的因素也可以归结为这三者。同理,归一化后的平衡曲线方程为

$$\begin{cases} \tilde{v_x} = \dfrac{\tilde{v}^3\cos\lambda + \tilde{v_z}}{\eta\,\tilde{v_z}} \\[2mm] \tilde{v_y} = \pm\sqrt{\tilde{v}^2 - \tilde{v_x}^2 - \tilde{v_z}^2} \\[2mm] \tilde{v} = (\,1 + \eta^2\tilde{v_z}^2\,)^{1/4} \end{cases} \qquad (6.7)$$

如图6.1所示为信天翁在风梯度为 $1\mathrm{s}^{-1}$ 时的归一化平衡曲线。本章讨论的范围都是针对归一化的动力学方程。

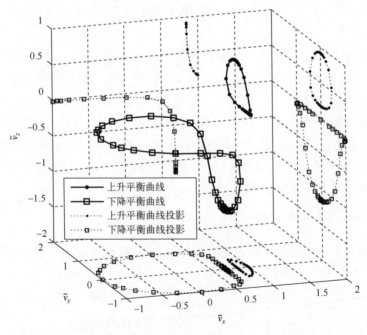

图 6.1 信天翁在 $1\mathrm{s}^{-1}$ 风梯度时的归一化平衡曲线

6.1.2　平衡曲线的稳定性

这里的平衡曲线稳定性是指曲线上某一平衡点的李雅普诺夫稳定性(Lya-punov stability),其严格定义是:对于方程$\dot{x}=f(x)$的平衡点 x_0,如果对于每个 $\varepsilon>0$,都存在 $\delta=\delta(\varepsilon)>0$,使得

$$\| x(0)-x_0 \| <0\Rightarrow \| x(t)-x_0 \| <\varepsilon, \quad \forall t\geq 0 \tag{6.8}$$

则该平衡点被称为稳定的。

进一步,假如该平衡点是稳定的,可以给定合适的 δ,使得

$$\| x(0)-x_0 \| <\delta\Rightarrow \lim_{t\to\infty}x(t)=x_0 \tag{6.9}$$

则该平衡点的稳定性称作渐近稳定[151]。

对于平衡点稳定性的判定,在一般情况下,可以利用平衡点附近的线性化等效系统来判定原系统平衡点的稳定性。但在特殊情况下需要用到中心流形定理。以下直接给出这两个定理。

定理 6.1[148]　令 $x=x_0$ 为系统 $\dot{x}=f(x)$ 的一个平衡点,其中 $f:D\to R^n$ 是连续可微分的,且 D 是平衡点的一个邻域。若雅可比矩阵

$$A=\frac{\partial f}{\partial x}(x)\bigg|_{x=x_0} \tag{6.10}$$

于是有

(1) 假如 A 的任一特征根实部都小于 0,那么平衡点是渐进稳定的;

(2) 假如 A 存在有特征根的实部大于 0,那么平衡点是不稳定的。

证明:见文献[148]定理 4.7。

对于不满足以上(1)和(2)的情况,需要借助下面的中心流形定理对平衡点的稳定性加以判断。

定理 6.2[149]　假设系统 $\dot{x}=f(x)$ 在平衡点 $x=x_0$ 的雅可比矩阵存在 n_0 个 0 实部特征根。若 T^c 表示这 n_0 个 0 实部特征根对应的特征向量张成的特征空间,那么存在局部定义的光滑 n_0 维不变流形 $W_{loc}^c(x_0)$ 在平衡点切于 T^c。另外,存在平衡点的邻域 U,若满足对任意 $t\geq 0$(或 $t\leq 0$),都有 $x(t)\in U$,那么有当 $t\to +\infty$ 时 $(t\to -\infty)$,$x(t)\to W_{loc}^c(x_0)$

证明:见文献[149]定理 5.1。

定理 6.2 中的流形 $W_{loc}^c(x_0)$ 称为中心流形。首先考虑一维微分动力系统的稳定性,有如下定理。

定理 6.3[149]　当参数 $\alpha=\alpha_0$ 时,平衡点 $x=x_0$ 的一阶微分方程为

$$\dot{x}=f(x,\alpha) \tag{6.11}$$

在该平衡点处雅可比矩阵的特征根至少有一个为 0,且满足

$$\left.\frac{\partial^2 f}{\partial x^2}\right|_{(0,0)} \neq 0 \tag{6.12}$$

$$\left.\frac{\partial f}{\partial \alpha}\right|_{(0,0)} \neq 0 \tag{6.13}$$

则该系统局部拓扑等价于如下其中一个规范形：

$$\dot{\eta} = \beta \pm \eta^2 \tag{6.14}$$

证明：见文献［149］定理 3.1 和定理 5.2。

上面的规范形称为折分岔规范形，具有折分岔规范形的平衡点成为折分岔点。由定理 6.1 和定理 6.3 可知，折分岔点是一维单参数微分动力系统稳定性变化的转折点。而对于高阶微分动力系统，则可以利用中心流形定理 6.2，将高阶系统降维为中心流形上的低阶系统，得到其分岔点的规范形。在折分岔点，高阶系统一定存在至少一个一维中心流形，在这个中心流形上即可利用定理 6.3 验证其是否满足折分岔的条件，并得到折分岔规范形。

归一化动态滑翔系统模型式(6.3)～式(6.6)是一个三阶微分动力系统，平衡曲线公式(6.7)是因为滚转角变化而产生的平衡点的轨迹，因此该系统可以视为单参数的微分动力系统。其平衡曲线上的雅可比矩阵有三个特征根，以下通过计算平衡曲线上各平衡点处雅可比矩阵的特征根，找到曲线上稳定和不稳定的平衡点以及折分岔点。

首先以信天翁在 $1\mathrm{s}^{-1}$ 的风梯度中的动态滑翔系统为例，分析其稳定性与分岔，如分岔图 6.2 和图 6.3 所示。图 6.2 是分岔图在速度空间中的展示，图 6.3(a)是速度空间的侧视图，而图 6.3(b)是 $\tilde{v}_z$ 关于 φ 的分岔曲线图。图 6.4 绘制出了不同 $\tilde{v}_z$ 处平衡曲线上的雅可比矩阵特征根。根据定理 6.1，图 6.2 中的灰色粗线标志的是平衡曲线的稳定部分，对应图 6.4 中特征根实部都为负的部分。图 6.2 中的黑色细线标志的是平衡曲线的不稳定部分，对应图 6.4 中至少一个特征根实部为正的部分，并且可以发现，上升平衡曲线和下降平衡曲线的上半部分是稳定的，下半部分是不稳定的。上升平衡曲线存在稳定段的意义是飞行器在较大的风梯度中有可能自动上升，还可以利用不同的 $\tilde{v}_y$ 实现垂直于梯度风方向的平移。

上升平衡曲线和下降平衡曲线上各有一对特征值为 0 的点，可以利用图 6.3 验证，它们是折分岔点。其中上升平衡曲线上的折分岔点，可以从图 6.2 和图 6.4 的特征根清楚发现，它是平衡曲线上稳定部分和不稳定部分的分界点。而对于下降平衡曲线上的折分岔点，则不是稳定性的分界点。因为从图 6.4 发现在穿越该分岔点时，有一对共轭复根的实部始终为正。所以根据定理 6.1，穿越该分岔点前后的平衡点始终不稳定。另外在图 6.3 中，还可以发现无论是上升平衡曲线还是下降平衡曲线，在折分岔点上的滚转角 φ 都达到了极

118

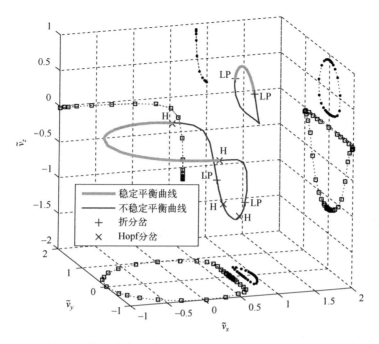

图 6.2　信天翁在 $1\mathrm{s}^{-1}$ 风梯度时归一化平衡曲线上的分岔

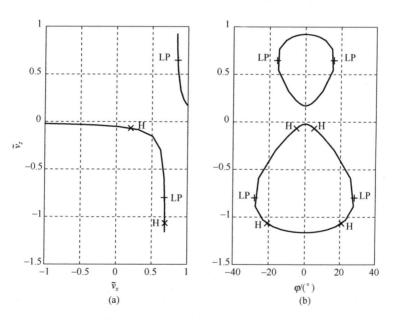

图 6.3　信天翁在 $1\mathrm{s}^{-1}$ 风梯度时归一化平衡曲线截面和
滚转角曲线图(LP:折分岔、H:Hopf 分岔)

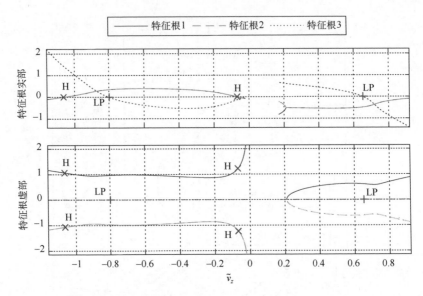

图6.4 信天翁在$1s^{-1}$风梯度时归一化平衡曲线上的特征根(LP:折分岔、H:Hopf分岔)

值,因而折分岔点也称为极值点,在图中用 LP 标注。

在平衡曲线上,除了折分岔点,还有一类在图中用 H 标注的分岔点。此类分岔关系到实部为 0 的一对共轭特征根,称为 Andronov-Hopf 分岔,简称 Hopf 分岔。Hopf 分岔与一维的折分岔不同,本质上是二维系统的分岔,可以用以下定理判断。

定理 6.4[149] 对于单参数的二维微分动力系统

$$\dot{x}=f(x,\alpha) \tag{6.15}$$

对于充分小 $|\alpha-\alpha_0|$ 有平衡点 $x=x_0$,特征根为

$$\dot{x}=f(x,\alpha) \tag{6.16}$$

满足 $\mu(0)=0,\omega(0)=0$。

如果下面条件成立:

(1) $l_1(0)\neq0$;

(2) $\dfrac{\mathrm{d}\mu}{\mathrm{d}\alpha}\bigg|_{\alpha=0}\neq0$。

则原系统在 $x=x_0$ 附近局部拓扑等价于下面的规范形之一:

$$\frac{\mathrm{d}}{\mathrm{d}\tau}\begin{pmatrix}\dot{y}_1\\\dot{y}_2\end{pmatrix}=\begin{pmatrix}\beta&-1\\1&\beta\end{pmatrix}\begin{pmatrix}y_1\\y_2\end{pmatrix}\pm(y_1^2+y_2^2)\begin{pmatrix}y_1\\y_2\end{pmatrix} \tag{6.17}$$

其中

$$l_1(\alpha) = \frac{1}{16}\left[\frac{\partial^3 g_1}{\partial x_1^3} + \frac{\partial^3 g_1}{\partial x_1 \partial x_2^2} + \frac{\partial^3 g_2}{\partial x_1^2 \partial x_2} + \frac{\partial^3 g_2}{\partial x_2^3}\right]$$

$$+ \frac{1}{16\omega(0)}\left[\frac{\partial^2 g_1}{\partial x_1 \partial x_2}\left(\frac{\partial^2 g_1}{\partial x_1^2} + \frac{\partial^2 g_1}{\partial x_2^2}\right) - \frac{\partial^2 g_2}{\partial x_1 \partial x_2}\left(\frac{\partial^2 g_2}{\partial x_1^2} + \frac{\partial^2 g_2}{\partial x_2^2}\right)\right]$$

(6.18)

$$\begin{bmatrix} g_1 \\ g_2 \end{bmatrix} = f(x,\alpha) - \frac{\partial f}{\partial x}x$$

(6.19)

证明：见文献[149]定理 3.3 和定理 3.4。

上文的规范形称为 Hopf 分岔规范形，具有 Hopf 分岔规范形的平衡点称为 Hopf 分岔点。同理，对于高阶微分动力系统，也可以利用中心流形定理 6.2 将高阶系统降维为中心流形上的低阶系统来得到其分岔点的 Hopf 规范形。在 Hopf 分岔点，高阶系统一定存在至少一个二维中心流形。这个二维中心流形可利用定理 6.4 验证其是否满足 Hopf 分岔的条件，并得到 Hopf 分岔规范形。Hopf 分岔还和系统极限环的产生有关，因为穿越 Hopf 分岔点会伴随中心流形的产生，在中心流形上会出现极限环[149]。

从图 6.2 和图 6.3 可以发现，在上升平衡曲线上并不存在 Hopf 分岔点，而在下降平衡曲线上有两对 Hopf 分岔点，且这两对 Hopf 分岔点位于下降平衡曲线上折分岔点的异侧，且都是下降平衡曲线上稳定性的分界点。从图 6.3 和图 6.4 可以发现，在两对 Hopf 分岔点前后，随着滚转角 φ 变大，特征根实部全部由负变正。根据定理 6.1 可以推知上述的两对 Hopf 分岔是下降平衡曲线上稳定部分和不稳定部分的分界点，随着滚转角增大，Hopf 分岔两侧的平衡点稳定性由稳定变为不稳定。

上文讨论了风梯度为 1s⁻¹ 时，信天翁上升平衡曲线和下降平衡曲线上平衡点的稳定性和分岔特性，试改变风梯度观察不同参数下系统平衡曲线的稳定性与分岔特性有何异同？

当风梯度为 0.8s⁻¹ 时，仿照图 6.2~图 6.4 在图 6.5~图 6.7 中，分别画出其对应的平衡曲线分岔图和特征根曲线。此时，根据第 5 章的结论可以推知，对于信天翁只存在下降平衡曲线，但此时下降平衡曲线上的分岔与 1s⁻¹ 风梯度时下降平衡曲线上的分岔是类似的，有一个折分岔和两个位于折分岔异侧的 Hopf 分岔。曲线上稳定部分和不稳定部分的拓扑关系也没有与 1s⁻¹ 风梯度时发生变化，两个 Hopf 分岔点依旧是平衡曲线上稳定部分和不稳定部分的分界点。

当继续减小风梯度，降低为 0.6722 s⁻¹ 时，同样的方法画出图 6.8~图 6.10，此时这三张图与图 6.2~图 6.4 的两个风梯度时对应的图发生了明显变化。首先，分岔点的分布发生了变化。虽然下降平衡曲线上依旧存在一对折分岔点和两对 Hopf 分岔点，但是它们的位置已经不像图 6.2~图 6.4 两对 Hopf 分岔点位

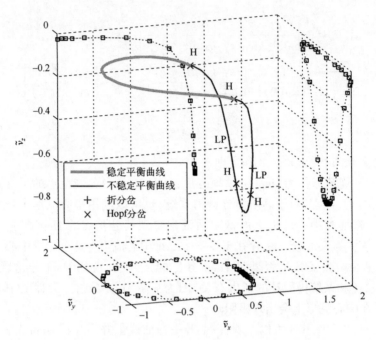

图 6.5　信天翁在 0.8s^{-1} 风梯度时归一化平衡曲线上的分岔

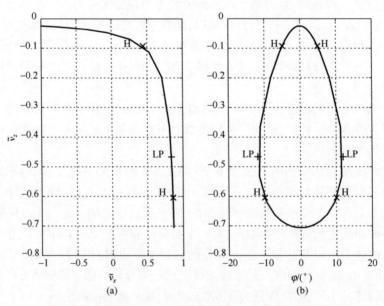

(a)　　　　　　　　　　　　(b)

图 6.6　信天翁在 0.8s^{-1} 风梯度时归一化平衡曲线截面和
滚转角曲线图(LP:折分岔、H:Hopf 分岔)

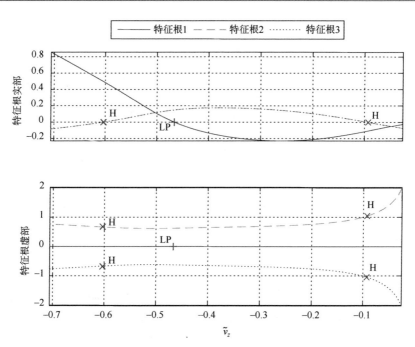

图 6.7　信天翁在 $0.8\mathrm{s}^{-1}$ 风梯度时归一化平衡曲线上的特征根(LP:折分岔、H:Hopf 分岔)

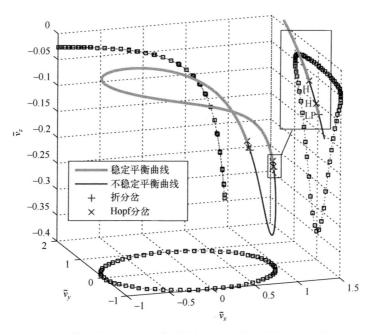

图 6.8　信天翁在 $0.6722\mathrm{s}^{-1}$ 风梯度时归一化平衡曲线上的分岔

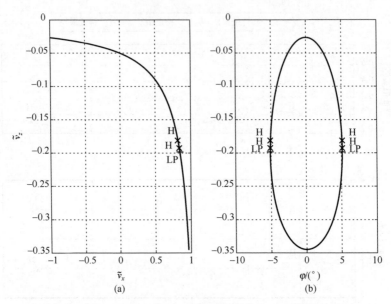

图 6.9　信天翁在 $0.6722s^{-1}$ 风梯度时归一化平衡曲线截面和
滚转角曲线图(LP:折分岔、H:Hopf 分岔)

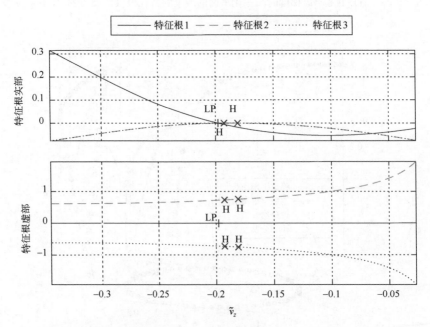

图 6.10　信天翁在 $0.6722s^{-1}$ 风梯度时归一化平衡曲线上的
特征根(LP:折分岔、H:Hopf 分岔)

于折分岔点的异侧,而是两对 Hopf 分岔点位于折分岔点的同侧,且 Hopf 分岔点位于折分岔点的上面。其次,下降平衡曲线上的稳定区域也发生了变化。在风梯度 $1s^{-1}$、$0.8s^{-1}$ 时,Hopf 分岔点是下降平衡曲线上稳定性的分界点,而折分岔点不是。但此时 Hopf 分岔点和折分岔点都是稳定性的分界点,而且 Hopf 分岔点,一个是减少滚转角变稳定,另一个是增加变稳定,这一点也与图 6.2~图 6.4 不同。因为这三者的几何位置太接近,所以在图 6.8 中的右侧对局部加以放大。

当风梯度降为 $0.5s^{-1}$ 时,由图 6.11~图 6.13 可见,此时 Hopf 分岔点消失了,而在下降平衡曲线上只存在一个折分岔,且由折分岔作为稳定和不稳定部分的分界。

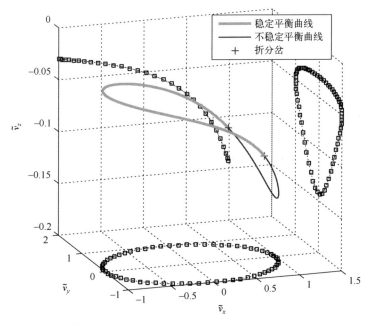

图 6.11　信天翁在 $0.5s^{-1}$ 风梯度时归一化平衡曲线上的分岔

综合以上四个风梯度下信天翁平衡曲线的分岔特性,可知风梯度会对下降平衡曲线上分岔点的拓扑性质产生影响。当风梯度减小时,先是下降平衡曲线上的 Hopf 分岔与折分岔的分布发生改变,稳定性区域也随之发生变化。再进一步减小风梯度,则 Hopf 分岔点消失,而只剩下折分岔点。为了更精确地讨论风梯度对分岔点的影响,需要引入余维 2 的分岔,通俗地说就是分岔的分岔。余维是指确定分岔的独立条件个数,Hopf 分岔和折分岔是单参数依赖的分岔,所以是余维 1 的分岔。平衡曲线是因为滚转角变化而产生的平衡点轨迹,所以

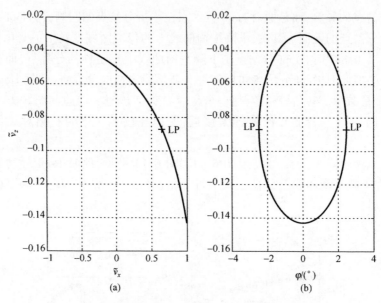

图 6.12　信天翁在 0.5s⁻¹风梯度时归一化平衡曲线截面和
滚转角曲线图(LP:折分岔、H:Hopf 分岔)

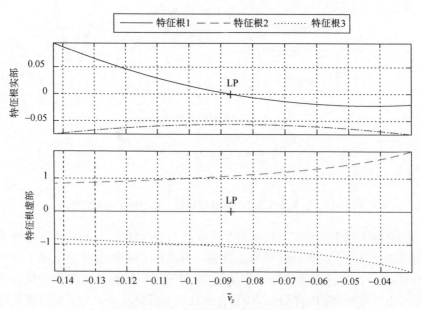

图 6.13　信天翁在 0.6722s⁻¹风梯度时归一化平衡曲线上的
特征根(LP:折分岔、H:Hopf 分岔)

平衡曲线的稳定性实质上是平衡点关于滚转角余维为 1 的分岔性质。下一节将利用余维 2 的分岔来详细讨论风梯度对分岔点拓扑性质的影响。

6.2　风梯度对分岔点拓扑性质的影响

在上一节内容中，已经发现风梯度的改变导致平衡曲线分岔点的拓扑性质发生变化，这种变化属于余维 2 的分岔。本节将利用延拓算法计算折曲线和 Hopf 曲线，并计算出它们的余维 2 分岔点，得到风梯度对分岔点拓扑性质的影响规律。

6.2.1　折曲线

利用 6.1.2 节已经找到的折分岔点，通过延拓算法改变风梯度计算出折曲线。折曲线是在不同参数下折分岔点的集合，就是在不同风梯度下下降平衡曲线上的折分岔点的集合。而采用的延拓算法是一种基于已知点得到附近满足约束的点的算法，关于延拓算法的详细介绍请参考文献[149]第 10 章分支的数值分析，本书不再赘述。计算出下降平衡曲线右半边分支的折曲线如图 6.14 所示，图 6.14(a) 是相空间中的折曲线，图 6.14(c) 是参数空间中的折曲线。

在图 6.14 中的 ZH 代表 0-Hopf 点，是一个余维 2 分岔点。0-Hopf 分岔是指微分动力系统在该点处的雅可比矩阵具有一个零特征根和一对纯虚特征根。因为 $0.6722\mathrm{s}^{-1}$ 风梯度时，平衡曲线上的折分岔点和 0-Hopf 点距离太近，所以在图 6.14(b) 和图 6.14(c) 将其局部空间关系放大。折曲线穿过图中的所有折分岔点，且从图 6.14(c) 可以看出，每个折分岔点恰好是滚转角 φ 的极值点。图 6.15 是折曲线的特征值关于 $\tilde{v}_z$ 的变化图，从图可以看出，该点除了一个纯 0 根外，另一对复根的实部也变为 0，因此该点既是折分岔点，也是 Hopf 分岔点，在 6.2.2 节会对此详加阐述。

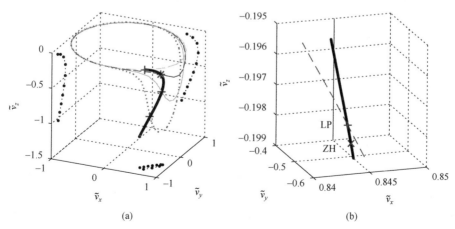

(a)　　　　　　　　　　　　　(b)

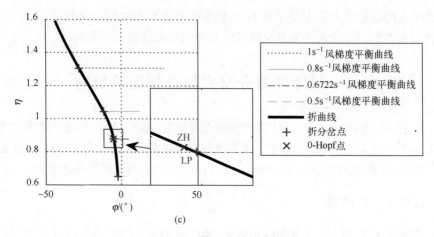

图 6.14　信天翁的折曲线图

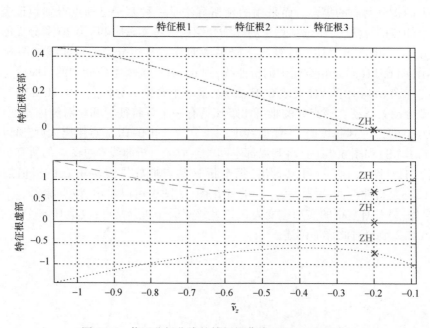

图 6.15　信天翁折曲线的特征根曲线(ZH:0-Hopf 点)

6.2.2　Hopf 曲线

　　与得到折曲线的方法类似,Hopf 曲线也可以利用之前得到的 Hopf 分岔点延拓出来。如图 6.16 所示是通过变化风梯度得到的 Hopf 曲线,为了更清晰地展示细节,其中的图 6.16(c)和图 6.16(b)是对于局部空间的放大。Hopf 曲线穿过了不同风梯度平衡曲线上的 Hopf 点。如图 6.17 所示是 Hopf 曲线和折曲线,两者相交于 0-Hopf 点。在 Hopf 曲线上,余维 2 的分岔点还有一个 Bautin 分岔点。Bautin 分岔点的特征根和一般的 Hopf 分岔并没有什么区别,如图 6.20 所示,但是其第一李雅普诺夫 (Lyapunov) 系数 l_1 为 0,第二李雅普诺夫 (Lyapunov) 系数 l_2 经计算为-21.3。穿过 Bautin 分岔点,Hopf 点的"软硬"性质会改变,所谓的"软硬"性质是指不稳定平衡点一侧是否被稳定的极限环所包围[149]。如图 6.18 所示绘制出了参数空间 (η, φ) 中的各曲线图,其中呈 V 字形的黑粗实线为 Hopf 曲线。因此,Hopf 曲线存在最小的 η,约为 0.8782,对应的风梯度为 $0.6720s^{-1}$,此时只存在唯一的 Hopf 点。这意味着,当且仅当风梯度不小于 $0.6720s^{-1}$ 时,平衡曲线上才存在 Hopf 分岔点,否则只存在折分岔点。从图 6.18 中还可以发现,当风梯度大于该极限值时,平衡曲线上有两个 Hopf 分岔点。

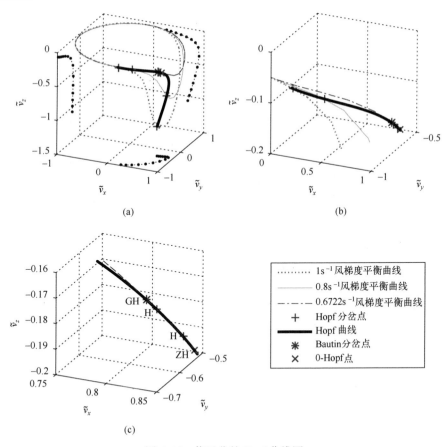

图 6.16 信天翁的 Hopf 曲线图

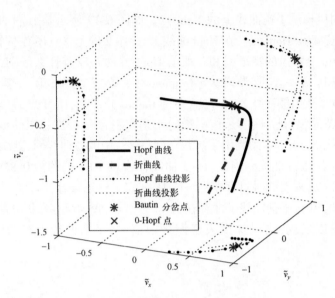

图 6.17　信天翁的 Hopf 曲线和折曲线

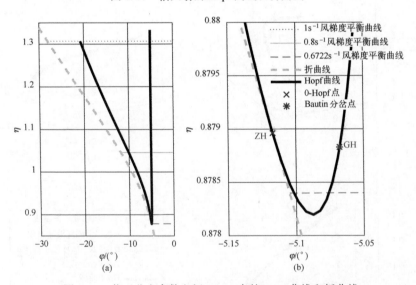

图 6.18　信天翁在参数空间 (η,φ) 中的 Hopf 曲线和折曲线

　　如图 6.18(b) 是对于如图 6.18(a) 中 Hopf 曲线极值点附近的特写,由于灰色虚线是折曲线,在参数空间上是平衡曲线的包络,所以折曲线和 Hopf 曲线相切于 0-Hopf 点。图 6.19 是 $(\tilde{v}_z,\eta)$ 空间中的 Hopf 曲线和折曲线,0-Hopf 点的 η 为 0.8790,对应的风梯度为 0.6726s^{-1}。当 η 小于该值时,平衡曲线的两个 Hopf 分岔点同侧于比折分岔点高($\tilde{v}_z$ 更大)的一边,也都高于 0-Hopf 点;而当 η 大于

该值时,平衡曲线的两个 *Hopf* 分岔点则位于折分岔点的异侧。而且由图 6.20 可知,高于 0-Hopf 点的 Hopf 分岔点的实特征根是稳定的。因而可推得,若下降平衡曲线的两个 Hopf 点位于折分岔点同侧时,则该平衡曲线的稳定性拓扑和图 6.8 所示相同。

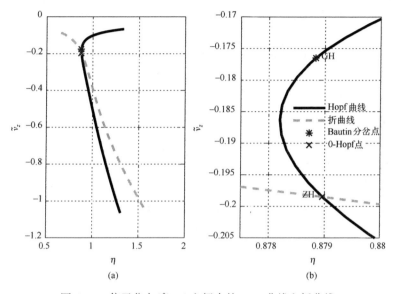

图 6.19　信天翁在 $(\tilde{v}_z, \eta)$ 空间中的 Hopf 曲线和折曲线

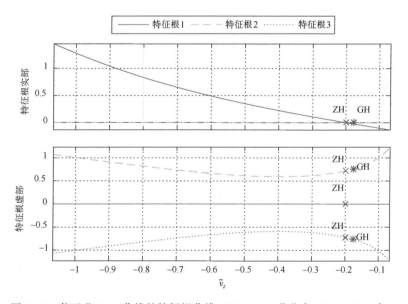

图 6.20　信天翁 Hopf 曲线的特征根曲线(GH:Bautin 分岔点,ZH:0-Hopf 点)

6.3　本章小结

　　本章为了便于研究动态滑翔系统平衡点的稳定性和分岔特性,首先得到系统的归一化方程,这样的好处是使影响系统拓扑性质的参数简化为三个。基于归一化方程,以信天翁为例,利用延拓算法计算了不同风梯度下平衡曲线的稳定性(余维1分岔),发现平衡曲线上分岔点的拓扑性质会因风梯度的不同而改变,且上升平衡曲线上必定存在稳定的部分,这意味着飞行器持续爬升是自发的。上升平衡点上存在一对折分岔,是上升平衡曲线上稳定部分和不稳定部分的分界点。而下降平衡曲线的最上面部分也是稳定的,不仅存在一对折分岔,还有一对 Hopf 分岔,但随着风梯度的变化,它的分岔点分布与稳定区域也会发生变化,特别是 Hopf 分岔会消失。计算系统关于风梯度的余维2分岔特性,利用得到的折曲线和 Hopf 曲线,探索了风梯度对平衡曲线上分岔点的影响,得到0-Hopf 点是两对 Hopf 分岔从位于折分岔的异侧突变到折分岔同侧的分岔点的结论。通过观察 Hopf 曲线,得到 Hopf 分岔点存在的最小风梯度。

第7章 梯度风动态滑翔系统的
平衡点和最优控制

信天翁或无动力滑翔机可以利用风场中的风梯度获取能量来维持飞行高度,使得滑翔能够持续进行,那么信天翁或无动力滑翔机是否可以找到最优的方式来利用梯度风获取能量,就成为了研究的重点。本章讨论的问题是动态滑翔系统的平衡点是否为周期最优控制的解,但它的最优性就需要验证。即便是周期最优控制的解,对于任意给定的初值或足够长时间甚至是无限长时间,最优控制是否也会趋近于此平衡态也是值得商榷的。本章将回答平衡态是否为最优的滑翔模式。

7.1 平衡点与周期最优控制

第5章和第6章介绍了假如动态滑翔系统存在上升平衡曲线,则飞行器可以利用上面的平衡点持续爬升,如果不存在上升平衡曲线,也可以利用下降平衡曲线上沉降速率较低的平衡点减少高度损失。但更重要的问题是,除此控制策略外,是否存在优于平衡飞行的控制策略,或者说平衡飞行是否就是最优选择。本节将把这个问题视为一个周期最优控制问题,探讨飞行器在周期运动的约束下控制的最优解,因为平衡态也是周期运动的一个特例。假如飞行器在一个周期内存在最优解,那么飞行器就可以重复执行这一最优的周期运动从而达到无限时间的最优。

7.1.1 正则系统

周期最优控制问题是最优控制问题的子类,它有两个与众不同的特点。首先,性能指标是一个周期内的性能函数积分的平均。其次,周期性约束要求初始和终止状态是相等的。周期最优控制问题设定如下,寻找周期 T 和控制输入 u,使得最小化性能指标

$$J = \frac{1}{T} \int_0^T L(x,u)\,\mathrm{d}t \qquad (7.1)$$

满足微分动力学约束

$$\dot{\boldsymbol{x}} = f(\boldsymbol{x}, \boldsymbol{u}) \tag{7.2}$$

和边界上的周期条件

$$\boldsymbol{x}(T) = \boldsymbol{x}(0) \tag{7.3}$$

对于以上最优控制问题,有如下一阶必要条件。

引理 7.1[150] 对于最优控制问题式(7.1)~式(7.3),其最优控制一定是如下哈密顿系统(或正则系统)两点边值问题的解:

$$\dot{\boldsymbol{x}} = \frac{\partial H}{\partial \boldsymbol{\lambda}^{\mathrm{T}}} = f(\boldsymbol{x}, \boldsymbol{u}) \tag{7.4}$$

$$\dot{\boldsymbol{\lambda}} = -\frac{\partial H}{\partial \boldsymbol{x}^{\mathrm{T}}} = -\frac{\partial f}{\partial \boldsymbol{x}^{\mathrm{T}}} \cdot \boldsymbol{\lambda} - \frac{\partial L}{\partial \boldsymbol{x}^{\mathrm{T}}} \tag{7.5}$$

$$0 = \frac{\partial H}{\partial \boldsymbol{u}^{\mathrm{T}}} = \frac{\partial f}{\partial \boldsymbol{u}^{\mathrm{T}}} \cdot \boldsymbol{\lambda} + \frac{\partial L}{\partial \boldsymbol{u}^{\mathrm{T}}} \tag{7.6}$$

和横截条件

$$\boldsymbol{x}(T) = \boldsymbol{x}(0) \tag{7.7}$$

$$\boldsymbol{\lambda}(T) = \boldsymbol{\lambda}(0) \tag{7.8}$$

证明:参考文献[150]中第 2 章。

为了简化分析,最优控制设计还是针对归一化动力学方程。因此对于动态滑翔的周期最优控制问题,其目标函数为

$$J = -\frac{1}{\tau_f} \int_0^{\tau_f} \tilde{v}_z \mathrm{d}\tau \tag{7.9}$$

即最大化一个周期内的平均上升速度。由于是周期最优控制,因而边界条件为

$$\begin{cases} \tilde{v}_x(0) = \tilde{v}_x(\tau_f) \\ \tilde{v}_y(0) = \tilde{v}_y(\tau_f) \\ \tilde{v}_z(0) = \tilde{v}_z(\tau_f) \end{cases} \tag{7.10}$$

即要求一个周期首尾速度相同。进而可得对应的拉格朗日函数

$$L = -\tilde{v}_z \tag{7.11}$$

那么,根据引理 7.1 可得哈密顿函数的形式为

$$H = -\tilde{v}_z + \boldsymbol{\lambda}^{\mathrm{T}} f(\boldsymbol{x}, \varphi) \tag{7.12}$$

式中:$\boldsymbol{\lambda}$ 是协状态矢量,具体形式为

$$\boldsymbol{\lambda}^{\mathrm{T}} \triangleq [\lambda_x \quad \lambda_y \quad \lambda_z]^{\mathrm{T}} \tag{7.13}$$

而 $f(\boldsymbol{x}, \varphi)$ 是归一化状态方程式(6.3)~式(6.5)右端矢量场。整理式(7.12),可得哈密顿函数的展开形式

$$H=-\tilde{v}_z+\lambda_x\left(-c_\alpha\tilde{v}\tilde{v}_x+s_\alpha\frac{s_\varphi(\tilde{v}_y^3+\tilde{v}_x^2\tilde{v}_y+\tilde{v}_y\tilde{v}_z^2)-\tilde{v}\tilde{v}_x\tilde{v}_zc_\varphi}{\sqrt{\tilde{v}_x^2+\tilde{v}_y^2}}+\eta\tilde{v}_z\right)$$

$$+\lambda_y\left(-c_\alpha\tilde{v}\tilde{v}_y-s_\alpha\frac{s_\varphi(\tilde{v}_x^3+\tilde{v}_x\tilde{v}_y^2+\tilde{v}_x\tilde{v}_z^2)+\tilde{v}\tilde{v}_y\tilde{v}_zc_\varphi}{\sqrt{\tilde{v}_x^2+\tilde{v}_y^2}}\right) \tag{7.14}$$

$$+\lambda_z(-c_\alpha\tilde{v}\tilde{v}_z+s_\alpha c_\varphi\tilde{v}\sqrt{\tilde{v}_x^2+\tilde{v}_y^2}-1)$$

令哈密顿函数对状态矢量求导,可得协状态方程

$$\frac{\mathrm{d}\boldsymbol{\lambda}}{\mathrm{d}\tau}=-\left(\frac{\partial\boldsymbol{f}}{\partial\boldsymbol{x}^{\mathrm{T}}}\right)^{\mathrm{T}}(\boldsymbol{x},\varphi)\boldsymbol{\lambda}-\left(\frac{\partial L}{\partial\boldsymbol{x}^{\mathrm{T}}}\right)^{\mathrm{T}}(\boldsymbol{x},\varphi) \tag{7.15}$$

其中

$$\frac{\partial\boldsymbol{f}}{\partial\boldsymbol{x}^{\mathrm{T}}}(\boldsymbol{x},\varphi)=\begin{bmatrix}f_{x11} & f_{x12} & f_{x13}\\ f_{x21} & f_{x22} & f_{x23}\\ f_{x31} & f_{x32} & f_{x33}\end{bmatrix} \tag{7.16}$$

$$f_{x11}=-[2\tilde{v}_x^2\cos\alpha\ (\tilde{v}_x^2+\tilde{v}_y^2)^{\frac{3}{2}}+\tilde{v}_y^2\cos\alpha\ (\tilde{v}_x^2+\tilde{v}_y^2)^{\frac{3}{2}}+\tilde{v}_z^2\cos\alpha\ (\tilde{v}_x^2+\tilde{v}_y^2)^{\frac{3}{2}}$$

$$+\cos\varphi\sin\alpha\tilde{v}_x^2\tilde{v}_z^3+\cos\varphi\sin\alpha\tilde{v}_x^4\tilde{v}_z+\cos\varphi\sin\alpha\tilde{v}_y^4\tilde{v}_z-\sin\varphi\sin\alpha\tilde{v}_x\tilde{v}_y^3\tilde{v} \tag{7.17}$$

$$-\sin\varphi\sin\alpha\tilde{v}_x^3\tilde{v}_y\tilde{v}+2\cos\varphi\sin\alpha\tilde{v}_x^2\tilde{v}_y^2\tilde{v}_z+\sin\varphi\sin\alpha\tilde{v}_x\tilde{v}_y\tilde{v}_z^2\tilde{v}]/[\tilde{v}\ (\tilde{v}_x^2+\tilde{v}_y^2)^{\frac{3}{2}}]$$

$$f_{x12}=[\sin\varphi\sin\alpha\tilde{v}_x^4\tilde{v}-\cos\alpha\tilde{v}_x\tilde{v}_y\ (\tilde{v}_x^2+\tilde{v}_y^2)^{\frac{3}{2}}+2\sin\varphi\sin\alpha\tilde{v}\tilde{v}_y^4$$

$$+\cos\varphi\sin\alpha\tilde{v}_x\tilde{v}_y\tilde{v}_z^3+3\sin\varphi\sin\alpha\tilde{v}\tilde{v}_x^2\tilde{v}_y^2+\tilde{v}_y^2\tilde{v}_z^2]/[\tilde{v}\ (\tilde{v}_x^2+\tilde{v}_y^2)^{\frac{3}{2}}] \tag{7.18}$$

$$f_{x13}=-[\cos\varphi\sin\alpha\tilde{v}_x^3-\eta\tilde{v}\ (\tilde{v}_x^2+\tilde{v}_y^2)^{\frac{1}{2}}+\cos\alpha\tilde{v}_x\tilde{v}_z\ (\tilde{v}_x^2+\tilde{v}_y^2)^{\frac{1}{2}}+\cos\varphi\sin\alpha\tilde{v}_x\tilde{v}_y^2$$

$$+2\cos\varphi\sin\alpha\tilde{v}_x\tilde{v}_z^2-2\sin\varphi\sin\alpha\tilde{v}\tilde{v}_y\tilde{v}_z]/[\tilde{v}\ (\tilde{v}_x^2+\tilde{v}_y^2)^{\frac{1}{2}}] \tag{7.19}$$

$$f_{x21}=-[\cos\alpha\tilde{v}_x\tilde{v}_y\ (\tilde{v}_x^2+\tilde{v}_y^2)^{\frac{3}{2}}+2\sin\varphi\sin\alpha\tilde{v}\tilde{v}_x^4+\sin\varphi\sin\alpha\tilde{v}\tilde{v}_y^4$$

$$-\cos\varphi\sin\alpha\tilde{v}_x\tilde{v}_y\tilde{v}_z^3+3\sin\varphi\sin\alpha\tilde{v}\tilde{v}_x^2\tilde{v}_y^2+\sin\varphi\sin\alpha\tilde{v}\tilde{v}_y^2\tilde{v}_z^2]/ \tag{7.20}$$

$$/[\tilde{v}\ (\tilde{v}_x^2+\tilde{v}_y^2)^{\frac{3}{2}}]$$

$$f_{x22}=-[\cos\alpha\tilde{v}_x^2\ (\tilde{v}_x^2+\tilde{v}_y^2)^{\frac{3}{2}}+2\cos\alpha\tilde{v}_y^2\ (\tilde{v}_x^2+\tilde{v}_y^2)^{\frac{3}{2}}+\cos\alpha\tilde{v}_z^2\ (\tilde{v}_x^2+\tilde{v}_y^2)^{\frac{3}{2}}+$$

$$\cos\varphi\sin\alpha\tilde{v}_x^2\tilde{v}_z^3+\cos\varphi\sin\alpha\tilde{v}_x^4\tilde{v}_z+\cos\varphi\sin\alpha\tilde{v}_y^4\tilde{v}_z+\sin\varphi\sin\alpha\tilde{v}\tilde{v}_y^3+ \tag{7.21}$$

$$2\cos\varphi\sin\alpha\tilde{v}_x^2\tilde{v}_y^2\tilde{v}_z-\sin\varphi\sin\alpha\tilde{v}\tilde{v}_x\tilde{v}_y\tilde{v}_z^2]/[\tilde{v}\ (\tilde{v}_x^2+\tilde{v}_y^2)^{\frac{3}{2}}]$$

$$f_{x23} = -\left[\cos\varphi\sin\alpha\tilde{v}_y^3 + \cos\alpha\tilde{v}_y\tilde{v}_z\ (\tilde{v}_x^2 + \tilde{v}_y^2)^{\frac{1}{2}} + \cos\varphi\sin\alpha\tilde{v}_x^2\tilde{v}_y + \right.$$
$$\left. + 2\cos\varphi\sin\alpha\tilde{v}_y\tilde{v}_z^2 + 2\sin\varphi\sin\alpha\tilde{v}\tilde{v}_x\tilde{v}_z\right] / \left[\tilde{v}\ (\tilde{v}_x^2 + \tilde{v}_y^2)^{\frac{1}{2}}\right] \tag{7.22}$$

$$f_{x31} = \left[\tilde{v}_x(2\cos\varphi\sin\alpha\tilde{v}_x^2 - \cos\alpha\tilde{v}_z\ (\tilde{v}_x^2 + \tilde{v}_y^2)^{\frac{1}{2}} + 2\cos\varphi\sin\alpha\tilde{v}_y^2 + \right.$$
$$\left. \cos\varphi\sin\alpha\tilde{v}_z^2)\right] / \left[\tilde{v}\ (\tilde{v}_x^2 + \tilde{v}_y^2)^{\frac{1}{2}}\right] \tag{7.23}$$

$$f_{x32} = \left[\tilde{v}_y(2\cos\varphi\sin\alpha\tilde{v}_x^2 - \cos\alpha\tilde{v}_z\ (\tilde{v}_x^2 + \tilde{v}_y^2)^{\frac{1}{2}} + 2\cos\varphi\sin\alpha\tilde{v}_y^2 + \right.$$
$$\left. \cos\varphi\sin\alpha\tilde{v}_z^2)\right] / \left[\tilde{v}\ (\tilde{v}_x^2 + \tilde{v}_y^2)^{\frac{1}{2}}\right] \tag{7.24}$$

$$f_{x33} = -\left[\cos\alpha\tilde{v}_x^2 + \cos\alpha\tilde{v}_y^2 + 2\cos\alpha\tilde{v}_z^2 - \cos\varphi\sin\alpha\tilde{v}_z\ (\tilde{v}_x^2 + \tilde{v}_y^2)^{\frac{1}{2}}\right] / \tilde{v} \tag{7.25}$$

$$\frac{\partial L}{\partial \boldsymbol{x}^{\mathrm{T}}} = \begin{bmatrix} 0 & 0 & -1 \end{bmatrix}^{\mathrm{T}} \tag{7.26}$$

由于是控制无约束的最优控制问题,最优控制满足

$$\frac{\partial H}{\partial \varphi} = 0 \tag{7.27}$$

展开可得

$$\lambda_x(\cos\varphi\sin\alpha\tilde{v}_y^3 + \cos\varphi\sin\alpha\tilde{v}_x\tilde{v}_y^2 + \cos\varphi\sin\alpha\tilde{v}_y\tilde{v}_z^2 + \sin\varphi\sin\alpha\tilde{v}\tilde{v}_x\tilde{v}_z) + $$
$$\lambda_y(-\tilde{v}_x^3\cos\varphi\sin\alpha - \cos\varphi\sin\alpha\tilde{v}_x\tilde{v}_y^2 - \cos\varphi\sin\alpha\tilde{v}_x\tilde{v}_z^2 + \sin\varphi\sin\alpha\tilde{v}\tilde{v}_y\tilde{v}_z) + \tag{7.28}$$
$$\lambda_z(-\sin\varphi\sin\alpha\tilde{v}\tilde{v}_x^2 - \sin\varphi\sin\alpha\tilde{v}\tilde{v}_y^2) = 0$$

横截条件为

$$\begin{cases} \lambda_x(0) = \lambda_x(\tau_f) \\ \lambda_y(0) = \lambda_y(\tau_f) \\ \lambda_z(0) = \lambda_z(\tau_f) \end{cases} \tag{7.29}$$

至此,式(6.3)~(6.5)、(7.10)、(7.15)~(7.26)、(7.28)、(7.29)共同构成了周期最优控制哈密顿系统的两点边值问题。

7.1.2 正则系统的平衡解

上升平衡曲线可以使高度持续增加,特别是上升平衡曲线上的最高点(最大值的点)升高速率最快。而且,平衡点又是最平凡的周期运动。那么该点是否是利用动态滑翔爬升高度的最优解呢?要弄明白这个问题,首先须确定该点是否为 6.2 节得到的动态滑翔周期控制两点边值问题的解,因为一阶变分条件

136

是最优控制解的必要条件。如图 7.1 所示为定理 7.1 的平衡曲线和 $\tilde{v}_y = 0$ 的交点(如图 7.1 标注的点)为两点边值问题的解,提供了一个充分条件,在上升和下降平衡曲线上则各有两个这样的点。

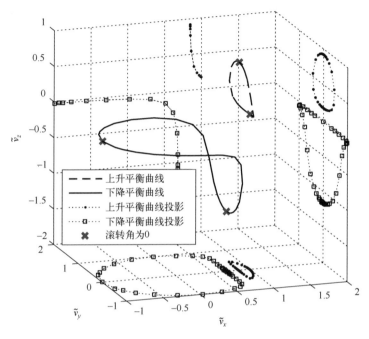

图 7.1　平衡曲线与 $\tilde{v}_y = 0$ 的交点

定理 7.1　若

$$f_{x31}^2 + f_{x33}^2 \neq 0 \qquad (7.30)$$

且当

$$f_{x11}^2 + f_{x13}^2 \neq 0 \qquad (7.31)$$

时

$$f_{x11}f_{x33} \neq f_{x13}f_{x31} \qquad (7.32)$$

则平衡曲线图 7.1 与 $\tilde{v}_y = 0$ 的交点一定是动态滑翔周期最优控制两点边值问题(式(6.3)~式(6.5)、式(7.2)、式(7.7)~式(7.18)、式(7.20)、式(7.21))的解,且 $\lambda_y = 0$。

证明: 由第 5 章中式(5.42)可知,平衡曲线中 $\tilde{v}_y = 0$ 的点,滚转角 φ 也为 0。于是控制方程式(7.28)中包含 $\tilde{v}_y$ 和 $\sin\varphi$ 的项全为 0,因此该式可以简化为

$$\lambda_y \left(-\tilde{v}_x^3 \sin\alpha - \sin\alpha \tilde{v}_x \tilde{v}_z^2 \right) = 0 \qquad (7.33)$$

同样,根据式(7.20)和式(7.22)可以得到

$$f_{x21}=0, f_{x23}=0 \tag{7.34}$$

那么协状态方程为

$$\begin{bmatrix} \dfrac{\mathrm{d}\lambda_x}{\mathrm{d}\tau} \\[2mm] \dfrac{\mathrm{d}\lambda_y}{\mathrm{d}\tau} \\[2mm] \dfrac{\mathrm{d}\lambda_z}{\mathrm{d}\tau} \end{bmatrix} = \begin{bmatrix} f_{x11} & f_{x12} & f_{x13} \\ 0 & f_{x22} & 0 \\ f_{x31} & f_{x32} & f_{x33} \end{bmatrix} \begin{bmatrix} \lambda_x \\ \lambda_y \\ \lambda_z \end{bmatrix} + \begin{bmatrix} 0 \\ 0 \\ -1 \end{bmatrix} \tag{7.35}$$

求协状态方程的平衡点,令方程右边为0,可得

$$f_{x22}\lambda_y = 0 \tag{7.36}$$

那么,$\lambda_y = 0$ 显然是式(7.33)和式(7.36)的解。于是协状态方程的平衡方程等价为

$$\begin{bmatrix} f_{x11} & f_{x13} \\ f_{x31} & f_{x33} \end{bmatrix} \begin{bmatrix} \lambda_x \\ \lambda_z \end{bmatrix} = \begin{bmatrix} 0 \\ 1 \end{bmatrix} \tag{7.37}$$

若式(7.30)成立,当

$$f_{x11}^2 + f_{x13}^2 = 0 \tag{7.38}$$

时,则 f_{x11} 和 f_{x13} 都为 0。于是式(7.37)为

$$\begin{bmatrix} 0 & 0 \\ f_{x31} & f_{x33} \end{bmatrix} \begin{bmatrix} \lambda_x \\ \lambda_z \end{bmatrix} = \begin{bmatrix} 0 \\ 1 \end{bmatrix} \tag{7.39}$$

那么

$$\mathrm{rank}\left(\begin{bmatrix} 0 & 0 \\ f_{x31} & f_{x33} \end{bmatrix}\right) = \mathrm{rank}\left(\begin{bmatrix} 0 & 0 & 0 \\ f_{x31} & f_{x33} & 1 \end{bmatrix}\right) = 1 \tag{7.40}$$

所以式(7.35)一定有平衡协状态解($\lambda_x, \lambda_y, \lambda_z$),满足横截条件式(7.29)。且状态的平衡点满足周期边界条件式(7.10)。因此,该平衡点($\tilde{v}_x, \tilde{v}_y, \tilde{v}_z, \lambda_x, \lambda_y, \lambda_z$)是动态滑翔周期最优控制两点边值问题的解。

当式(7.38)不成立时,则 f_{x11} 和 f_{x13} 不都为 0,若不等式(7.32)成立,则

$$\det\left(\begin{bmatrix} f_{x11} & f_{x13} \\ f_{x31} & f_{x33} \end{bmatrix}\right) = f_{x11}f_{x33} - f_{x13}f_{x31} \neq 0 \tag{7.41}$$

那么可知

$$\mathrm{rank}\left(\begin{bmatrix} 0 & 0 \\ f_{x31} & f_{x33} \end{bmatrix}\right) = \mathrm{rank}\left(\begin{bmatrix} 0 & 0 & 0 \\ f_{x31} & f_{x33} & 1 \end{bmatrix}\right) = 2 \tag{7.42}$$

所以式(7.39)也一定有解。同理,在这种情况下,平衡点也是动态滑翔周期最

优控制两点边值问题的解。定理得证。

在大多数情况,这个充分条件是很常见的,对于绝大部分动态滑翔系统显然都能满足,下面不妨举例来验证。

为了计算需要,式(7.37)中方阵的元素也可以化简如下

$$f_{x11}=-(2\cos\alpha\tilde{v}_x^2+\sin\alpha\tilde{v}_x\tilde{v}_z+\cos\alpha\tilde{v}_z^2)/\tilde{v} \tag{7.43}$$

$$f_{x13}=-(2\sin\alpha\tilde{v}_z^2+\cos\alpha\tilde{v}_x\tilde{v}_z+\sin\alpha\tilde{v}_x^2-\eta\tilde{v})/\tilde{v} \tag{7.44}$$

$$f_{x31}=(2\sin\alpha\tilde{v}_x^2-\cos\alpha\tilde{v}_z\tilde{v}_x+\sin\alpha\tilde{v}_z^2)/\tilde{v} \tag{7.45}$$

$$f_{x33}=-(\cos\alpha\tilde{v}_x^2+2\cos\alpha\tilde{v}_z^2-\sin\alpha\tilde{v}_z\tilde{v}_x)/\tilde{v} \tag{7.46}$$

当信天翁当风梯度为 1s^{-1} 时,平衡曲线与 $\tilde{v}_y=0$ 的交点有四个如图 7.1 所示,分别是 (0.8465,0,0.9211) (0.9977,0,0.1705) (-1,0,-0.02166) 和 (0.6846,0,-1.161)。此时 $\eta=1.3068,\alpha=87.14°$,将其代入方程式(7.43)~式(7.46)中计算。

平衡点(0.8465,0,0.9211), $f_{x11}=-0.7135,f_{x13}=-3.2647,f_{x31}=1.7904,f_{x33}=0.5262$。而 $f_{x31}^2+f_{x31}^2=3.48,f_{x11}^2+f_{x13}^2=11.1673,f_{x11}f_{x33}=-0.3755,f_{x13}f_{x31}=-5.8452$,满足定理 7.1 的条件。

平衡点(0.9977,0,0.1705), $f_{x11}=-0.2674,f_{x13}=-2.3548,f_{x31}=1.9847,f_{x33}=0.1159$。而 $f_{x31}^2+f_{x31}^2=3.9526,f_{x11}^2+f_{x13}^2=5.6165,f_{x11}f_{x33}=-0.0310,f_{x13}f_{x31}=-4.6736$,满足定理 7.1 的条件。

平衡点(-1,0,-0.02166), $f_{x11}=-0.1214,f_{x13}=-2.3073,f_{x31}=1.9964,f_{x33}=-0.0283$。而 $f_{x31}^2+f_{x31}^2=3.9865,f_{x11}^2+f_{x13}^2=5.3385,f_{x11}f_{x33}=0.0034,f_{x13}f_{x31}=-4.6064$,满足定理 7.1 的条件。

平衡点(0.6846,0,-1.161), $f_{x11}=0.5044,f_{x13}=-3.6233,f_{x31}=1.7229,f_{x33}=-0.7061$。而 $f_{x31}^2+f_{x31}^2=3.4668,f_{x11}^2+f_{x13}^2=13.3758,f_{x11}f_{x33}=-0.3562,f_{x13}f_{x31}=-6.2408$,满足定理 7.1 的条件。

因此四个平衡点都是边值问题的平衡解。从上例可以看出,一般系统总存在周期最优控制正则系统的平衡解。

虽然在平衡曲线上一般都存在正则系统的平衡解,但这也只能说明该平衡点满足周期最优控制的一阶变分条件,而并不能保证该平衡解就是最优解。如上例中,显然在四个平衡点中,其他三个解的上升速度都比不上平衡点(0.8465,0,0.9211),但四个平衡点都是平衡解,可见平衡解不一定就是最优解。下文将结合具体例子验证平衡解是否是最优解。

7.1.3 频率测试

正则系统的平衡解是否为周期最优控制的最优解的问题,一直以来都是最优控制领域关切的重要论题。文献[149]提供了一个基于频域的用于确定平衡解是否由周期最优解演化而来的局部充分性条件。在叙述该定理之前,先引入几个概念的定义。

一个最优控制问题是适定的,是指如果存在 $\hat{T}$ 和容许弱控制变分 $\hat{u}(\cdot)$ 使得

$$J[\hat{u}(\cdot);\hat{T}]>J_0 \tag{7.47}$$

式中:J_0 是平衡态的性能指标。

一个最优控制问题是局部适定的,是指如果存在 $\hat{T}$ 和容许弱控制变分 $\hat{u}(\cdot)$ 使得

$$J[u_0+\delta\hat{u}(\cdot);\hat{T}]>J_0 \tag{7.48}$$

周期最优控制问题适定与否的条件称为适定周期性条件。一般的观点认为,若控制属于连续分段函数,适定周期性条件能够证明在一定条件下平衡解不是最优解[150]。

在讨论适定周期性条件前,有必要介绍下列术语。对于 $k \times k$ 阶 Hermite 矩阵 M 称为部分正定的,如果存在 $x \in \mathbb{C}^k$ 使得 $x^H M x>0$,则称 Hermite 矩阵 M 为部分正定的(上脚标 H 代表共轭转置)。令

$$A \triangleq \frac{\partial f}{\partial x^{\mathrm{T}}}(x_0,u_0) \tag{7.49}$$

$$B \triangleq \frac{\partial f}{\partial u^{\mathrm{T}}}(x_0,u_0) \tag{7.50}$$

$$P \triangleq \frac{\partial^2 H}{\partial x^2}(x_0,u_0,\lambda_0) \tag{7.51}$$

$$Q \triangleq \frac{\partial^2 H}{\partial x \partial u^{\mathrm{T}}}(x_0,u_0,\lambda_0) \tag{7.52}$$

$$R \triangleq \frac{\partial^2 H}{\partial u^2}(x_0,u_0,\lambda_0) \tag{7.53}$$

定理 7.2 如果 $k \times k$ 阶 Hermite 矩阵

$$\Pi(\omega) \triangleq G^{\mathrm{T}}(-j\omega)PG(j\omega)+Q^{\mathrm{T}}G(j\omega)+G^{\mathrm{T}}(-j\omega)Q+R \tag{7.54}$$

对于 $\omega>0$ 是部分正定的,其中

$$G(s) \triangleq (sI-A)^{-1}B \tag{7.55}$$

那么,周期最优控制问题式(7.1)~式(7.3)是适定的。反之,如果问题式(7.1)~

140

式 (7.3) 是局部适定的, 则一定存在 $\omega > 0$ 使得 $\boldsymbol{\Pi}(\omega)$ 不是负定的。如果对于任意 ω 都不是负定的, 那么最优控制问题不是常值, 而是属于时变周期控制。

证明: 见文献 [150] 定理 1。

为了对动态滑翔系统进行频率测试, 首先需要计算出式 (7.49) ~ 式 (7.53) 这几个矩阵的表达形式。$\boldsymbol{A}$ 矩阵的具体形式除了 f_{x22} 在式 (7.35) ~ 式 (7.38) 中已经计算出来, 而

$$f_{x22} = -(\cos\alpha \tilde{v}_x^2 \tilde{v}_x + 2\cos\alpha \tilde{v}_y^2 \tilde{v}_x + \cos\alpha \tilde{v}_z^2 \tilde{v}_x + \sin\alpha \tilde{v}_z^3 + \sin\alpha \tilde{v}_x^2 \tilde{v}_z) / (\tilde{v}\tilde{v}_x) \tag{7.56}$$

对于 $\boldsymbol{B}$, 经计算可知

$$\boldsymbol{B}^{\mathrm{T}} = \begin{bmatrix} 0 & B_2 & 0 \end{bmatrix}^{\mathrm{T}} \tag{7.57}$$

其中

$$B_2 = -\sin\alpha (\tilde{v}_x^2 + \tilde{v}_z^2) \tag{7.58}$$

令

$$\boldsymbol{P} = \begin{bmatrix} P_{11} & P_{12} & P_{13} \\ P_{21} & P_{22} & P_{23} \\ P_{31} & P_{32} & P_{33} \end{bmatrix} \tag{7.59}$$

由于 $\boldsymbol{P}$ 是 Hessian 阵, 根据偏导的对称性可知

$$\begin{aligned} P_{11} = -(2\lambda_x \tilde{v}_x^3 \cos\alpha - 2\lambda_z \tilde{v}_x^3 \sin\alpha + \lambda_x \tilde{v}_z^3 \sin\alpha - 3\lambda_x \tilde{v}_x \tilde{v}_z^2 \sin\alpha \\ + 3\lambda_x \tilde{v}_x \tilde{v}_z^2 \cos\alpha + \lambda_z \tilde{v}_z^3 \cos\alpha) / (\tilde{v}_x^2 + \tilde{v}_z^2)^{\frac{3}{2}} \end{aligned} \tag{7.60}$$

$$P_{12} = P_{21} = \lambda_y \left(\frac{\tilde{v}_z^3}{\tilde{v}_x^2} \sin\alpha - \tilde{v}_x \cos\alpha \right) / \sqrt{\tilde{v}_x^2 + \tilde{v}_z^2} \tag{7.61}$$

$$P_{13} = P_{31} = -\frac{\lambda_x \tilde{v}_x^3 \sin\alpha + \lambda_z \tilde{v}_x^3 \cos\alpha - \lambda_z \tilde{v}_z^3 \sin\alpha + \lambda_x \tilde{v}_z^3 \cos\alpha}{(\tilde{v}_x^2 + \tilde{v}_z^2)^{\frac{3}{2}}} \tag{7.62}$$

$$\begin{aligned} P_{22} = \lambda_z \left(\frac{\tilde{v}_x}{\sqrt{\tilde{v}_x^2 + \tilde{v}_z^2}} \sin\alpha - \frac{\tilde{v}_z}{\sqrt{\tilde{v}_x^2 + \tilde{v}_z^2}} \cos\alpha + \sin\alpha \frac{\sqrt{\tilde{v}_x^2 + \tilde{v}_z^2}}{\tilde{v}_x} \right) - \\ \lambda_x \left(\frac{\tilde{v}_x}{\sqrt{\tilde{v}_x^2 + \tilde{v}_z^2}} \cos\alpha + \frac{\tilde{v}_z}{\sqrt{\tilde{v}_x^2 + \tilde{v}_z^2}} \sin\alpha - \frac{\tilde{v}_z \sqrt{\tilde{v}_x^2 + \tilde{v}_z^2}}{\tilde{v}_x^2} \sin\alpha \right) \end{aligned} \tag{7.63}$$

$$P_{23} = P_{32} = -\lambda_y \frac{\tilde{v}_x \sin\alpha + \dfrac{2\tilde{v}_z^2}{\tilde{v}_x}\sin\alpha + \tilde{v}_z\cos\alpha}{\sqrt{\tilde{v}_x^2 + \tilde{v}_z^2}} \tag{7.64}$$

从定理 7.1 的证明可知 $\lambda_y = 0$，因此 $P_{12} = P_{21} = P_{23} = P_{32} = 0$。而

$$\boldsymbol{Q}^{\mathrm{T}} = \begin{bmatrix} 0 & Q_2 & 0 \end{bmatrix}^{\mathrm{T}} \tag{7.65}$$

其中

$$Q_2 \triangleq \lambda_x \frac{\tilde{v}_x^2 + \tilde{v}_z^2}{\tilde{v}_x}\sin\alpha \tag{7.66}$$

由于输入只有一个滚转角，因此 $\boldsymbol{R}$ 是个标量，于是下面都用黑斜体 $\boldsymbol{R}$ 表示

$$\boldsymbol{R} = (\lambda_x \tilde{v}_z - \lambda_z \tilde{v}_x)\sqrt{\tilde{v}_x^2 + \tilde{v}_z^2}\sin\alpha \tag{7.67}$$

于是，可以得到

$$\boldsymbol{G}^{\mathrm{T}}(s) = \begin{bmatrix} 0 & \dfrac{k_0}{s - p_0} & 0 \end{bmatrix}^{\mathrm{T}} \tag{7.68}$$

其中

$$k_0 \triangleq -(\tilde{v}_x^2 + \tilde{v}_z^2)\sin\alpha \tag{7.69}$$

$$p_0 = -\sin\alpha \frac{\tilde{v}_z}{\tilde{v}_x}\sqrt{\tilde{v}_x^2 + \tilde{v}_z^2} + v\sqrt{\tilde{v}_x^2 + \tilde{v}_z^2}\cos\alpha \tag{7.70}$$

将式(7.56)~式(7.69)代入式(7.54)，整理可得

$$\Pi(\omega) = \frac{k_0^2 P_{22} - 2k_0 Q_2 p_0}{\omega^2 + p_0^2} + \boldsymbol{R} \tag{7.71}$$

由此可得如下推论。

推论 7.1　对于最优控制问题式(7.9)和式(7.10)，令 $(\tilde{v}_x, \tilde{v}_y, \tilde{v}_z, \lambda_x, \lambda_y, \lambda_z)$ 是其正则系统的平衡解，若 $p_0 \neq 0, \boldsymbol{R} \geqslant 0$ 且

$$\frac{k_0^2 P_{22} - 2k_0 Q_2 p_0}{p_0^2} + \boldsymbol{R} \geqslant 0 \tag{7.72}$$

则平衡解一定不是最优解。

证明：若令

$$\pi(\omega^2) \triangleq \Pi(\omega) \tag{7.73}$$

则函数

$$\pi(\Omega)=\frac{k_0^2 P_{22}-2k_0 Q_2 p_0}{\Omega+p_0^2}+\boldsymbol{R} \tag{7.74}$$

为分式函数。

（1）当 $k_0^2 P_{22}-2k_0 Q_2 p_0<0$ 时，函数 $\pi(\Omega)$ 为单调上升函数，所以 $\Pi(\omega)$ 在 $\omega>0$ 的区间上也为单调上升函数，因而函数 $\Pi(\omega)$ 的下确界

$$\inf_{\omega>0}\Pi(\omega)=\Pi(0)=\frac{k_0^2 P_{22}-2k_0 Q_2 p_0}{p_0^2}+\boldsymbol{R} \tag{7.75}$$

若该下确界不小于 0，则对于任意 $\omega>0$，$\Pi(\omega)$ 都不是负定的。因此，根据定理 7.2 可得平衡解不是最优解。

（2）当 $k_0^2 P_{22}-2k_0 Q_2 p_0>0$ 时，函数 $\pi(\Omega)$ 为单调下降函数，所以 $\Pi(\omega)$ 在 $\omega>0$ 的区间上也为单调下降函数，因而函数 $\Pi(\omega)$ 的下确界

$$\inf_{\omega>0}\Pi(\omega)=\lim_{\omega\to+\infty}\Pi(\omega)=\boldsymbol{R} \tag{7.76}$$

若该下确界不小于 0，则对于任意 $\omega>0$，$\Pi(\omega)$ 都不是负定的。根据定理 5.2 可得平衡解不是最优解。

（3）当 $k_0^2 P_{22}-2k_0 Q_2 p_0=0$ 时，函数 $\pi(\Omega)$ 为常数 $\boldsymbol{R}$，若 $\boldsymbol{R}\geqslant0$，则 $\Pi(\omega)$ 在 $\omega>0$ 的区间都不是负定的。因此，根据定理 7.2 可得平衡解不是最优解。综上所述，定理得证。

下面以信天翁在不同风梯度中的平衡点为例进行频率测试，验证这些平衡点是否为周期控制的最优解。

例 7.1　若信天翁在 1s^{-1} 风梯度的风场中动态滑翔，前文已经计算出周期最优控制有四个平衡解，对应于平衡曲线上的四个平衡点，分别是（0.8465,0, 0.9211）（0.9977,0,0.1705）（−1,0,−0.02166）和（0.6846,0,−1.161）。对于第一个平衡点（0.8465,0,0.9211），利用定理 7.1 计算出其对应的平衡协状态为

$$\begin{bmatrix}\lambda_x\\\lambda_y\\\lambda_z\end{bmatrix}=\begin{bmatrix}0.8239\\0\\-0.9029\end{bmatrix} \tag{7.77}$$

将数值代入式（7.49）~式（7.53），分别计算出以下矩阵

$$\boldsymbol{A}=\begin{bmatrix}-0.7135 & 0 & -0.6511\\0 & -1.4220 & 0\\1.7904 & 0 & 0.5262\end{bmatrix} \tag{7.78}$$

$$B = \begin{bmatrix} 0 \\ -1.5630 \\ 0 \end{bmatrix} \tag{7.79}$$

$$P = \begin{bmatrix} -1.9323 & 0 & -0.6173 \\ 0 & -1.2201 & 0 \\ -0.6173 & 0 & -1.6998 \end{bmatrix} \tag{7.80}$$

$$Q = \begin{bmatrix} 0 \\ 1.5213 \\ 0 \end{bmatrix} \tag{7.81}$$

$$R = 1.9031 \tag{7.82}$$

进而可以得到

$$G(s) = \begin{bmatrix} 0 \\ -\dfrac{7.0393}{4.5036s + 6.4040} \\ 0 \end{bmatrix} \tag{7.83}$$

于是可以求出

$$\Pi(\omega) = -\frac{9.7432}{\omega^2 + 2.0220} + 1.9031 \tag{7.84}$$

因为 $R > 0$,但

$$\frac{k_0^2 P_{22} - 2k_0 Q_2 p_0}{p_0^2} + R = -2.9155 < 0 \tag{7.85}$$

所以,不满足推论 7.1 的条件,最优解不定是时变周期解。如图 7.2 所示中作出 $\Pi(\omega)$ 的曲线如下。

从图 7.2 中能够发现,频率测试曲线 $\Pi(\omega)$ 既有正定也有负定的部分。在 $\omega = 1.764$ 之前,$\Pi(\omega)$ 是负定的,而在 $\omega = 1.764$ 之后,$\Pi(\omega)$ 是正定的。所以,根据定理 7.2,平衡点 $(0.8465, 0, 0.9211)$ 可能是最优控制的局部最优解。

而对于平衡点 $(0.9977, 0, 0.1705)$,可以求出其频率测试函数

$$\Pi(\omega) = \frac{0.7779}{\omega^2 + 0.05} - 0.4133 \tag{7.86}$$

因此,可得其

$$\frac{k_0^2 P_{22} - 2k_0 Q_2 p_0}{p_0^2} + R = 15.1447 > 0 \tag{7.87}$$

而此时 $R = -0.4133$,因此也不满足推论 7.1 的条件。如图 7.3 所示,频率测试

144

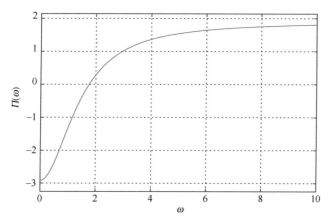

图 7.2　当风梯度为 $1s^{-1}$ 时,信天翁在平衡点$(0.8465,0,0.9211)$处的频率测试曲线

曲线 $\Pi(\omega)$ 既有正定也有负定的部分,所以在该平衡点附近也不存在时变的周期解。

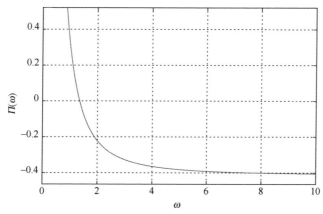

图 7.3　当风梯度为 $1s^{-1}$ 时,信天翁在平衡点$(0.9977,0,0.1705)$处的频率测试曲线

对于平衡点$(-1,0,-0.02166)$,可以求出其频率测试函数

$$\Pi(\omega)=-\frac{0.0869}{\omega^2+0.00079914}+0.0061 \tag{7.88}$$

于是,可以计算出

$$\frac{k_0^2 P_{22}-2k_0 Q_2 p_0}{p_0^2}+\mathbf{R}=-108.7297<0 \tag{7.89}$$

但是 $\mathbf{R}=0.0061$,根据推论 7.1,其条件并不满足。如图 7.4 所示,频率测试曲线 $\Pi(\omega)$ 既有正定也有负定的部分,所以在该平衡点附近不存在时变的周期解。

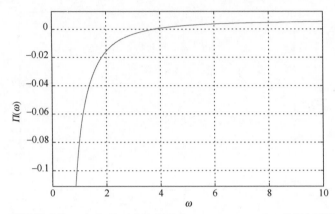

图 7.4　当风梯度为 1s^{-1} 时,信天翁在平衡点 $(-1,0,-0.02166)$ 处的频率测试曲线

对于平衡点 $(0.6846,0,-1.161)$,可以求出其频率测试函数

$$\Pi(\omega) = \frac{12.5718}{\omega^2 + 4.9090} - 1.4773 \qquad (7.90)$$

如图 7.5 所示,频率测试曲线 $\Pi(\omega)$ 有正定也有负定的部分,所以只可能有平衡解。

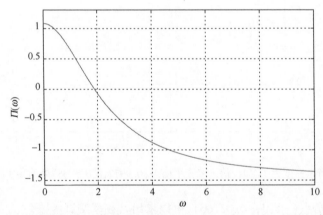

图 7.5　当风梯度为 1s^{-1} 时,信天翁在平衡点 $(0.6846,0,-1.161)$ 处的频率测试曲线

综上所述,四个平衡点都可能是周期最优控制的局部最优解,但显然只有最高的平衡点才有可能是全局最优解。

　　例 7.2　若信天翁在 0.5s^{-1} 风梯度的风场中动态滑翔,此时只有下降平衡曲线。可以计算出周期最优控制有两个平衡解,对应于平衡曲线上的两个平衡点如图 7.6 所示,分别是 $(-0.9996,0,-0.03022)$ 和 $(0.9919,0,-0.1428)$。

　　此时 $\eta=0.6534$,对于第一个平衡点 $(0.8465,0,0.9211)$,利用定理 7.1 能够计算出其对应的平衡协状态为

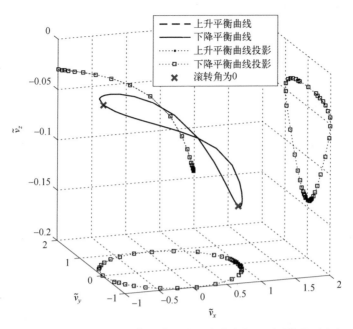

图 7.6 当风梯度为 0.5s⁻¹时,信天翁平衡曲线与正则系统的平衡解

$$\begin{bmatrix} \lambda_x \\ \lambda_y \\ \lambda_z \end{bmatrix} = \begin{bmatrix} -0.4996 \\ 0 \\ -0.0210 \end{bmatrix} \tag{7.91}$$

按照例 7.1 的计算流程,可以得到此时的频率测试函数

$$\Pi(\omega) = -\frac{0.0865}{\omega^2 + 0.00038817} - 0.0059 \tag{7.92}$$

其函数曲线如图 7.7 所示。

如图 7.7 所示,当 0.5s⁻¹风梯度时平衡解(0.8465,0,0.9211)处的频率测试函数不是恒负定的,因而在该平衡解附近不存在时变的周期解。

平衡点(0.9919,0,-0.1428),同样可以计算出其频率测试函数

$$\Pi(\omega) = \frac{0.1902}{\omega^2 + 0.0089} - 0.1317 \tag{7.93}$$

其频率测试函数曲线如图 7.8 所示。0.5s⁻¹风梯度时平衡解(0.9919,0,-0.1428)处的频率测试函数不是恒负定的,所以在该平衡解附近不存在时变的周期解。

综上所述,当风梯度 0.5s⁻¹时信天翁的动态滑翔系统只存在下降平衡曲线,但是经过计算其平衡解附近不存在时变的周期解,因此可以得到以最小下

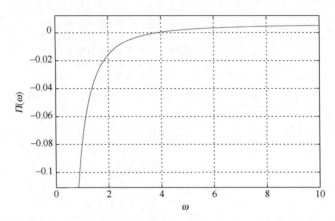

图 7.7　当风梯度为 0.5s⁻¹时,信天翁在平衡点(0.8465,0,0.9211)处的频率测试曲线

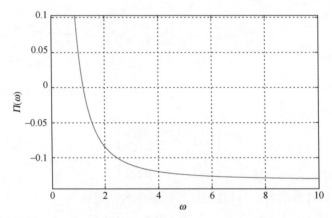

图 7.8　当风梯度为 0.5s⁻¹时,信天翁在平衡点(0.8465,0,0.9211)处的频率测试曲线

滑率稳态下降是目前能够得到的最优解。

　　通过例 7.1 和例 7.2 可以发现,似乎动态滑翔系统滚转角为 0 的平衡点就是周期最优控制问题的平衡解,虽然没有给出严格的证明,但 7.2 节将利用数值解对这个问题加以佐证。即便这些平衡点是周期最优控制的最优解,目前也不知道其是否是普适的最优控制策略。提到普适的最优策略,就会涉及到无穷时域的最优问题,它既不依赖于给定的初值,也不依赖于时域长度。有相关理论表明无穷时域的最优控制未必与周期最优控制相吻合[151],因此 7.2 节将对这个问题进一步讨论。

7.2 最优动态滑翔的数值解

经过 7.1 节的讨论发现,文中所给出的两个例子的最高平衡点都是周期最优控制的解。但周期最优控制并不意味着对于任意初始时刻和有限长时间,最优控制都会收敛到周期解上。7.1 节利用频率测试验证了动态滑翔平衡点和最优解的一致性,7.2 节将利用例 7.1 和例 7.2 的数值解对这个问题加以佐证,非线性最优控制问题的数值求解软件使用的是 Bocop 2.0.5。Bocop 求解最优控制问题使用的是非线性规划方法中的内点法。关于内点法的算法细节可以参考文献[152],本书不再赘述。

对于数值求解最优控制的设置,其目标函数仍旧是式(7.9)。而约束变为定初值定时间长度,即

$$
\begin{cases}
\tilde{v}_x(0) = \tilde{v}_{x0} \\
\tilde{v}_y(0) = \tilde{v}_{y0} \\
\tilde{v}_z(0) = \tilde{v}_{z0} \\
\tau_f = T
\end{cases}
\tag{7.94}
$$

需要令 T 足够长确保系统收敛到稳态值,从而削减初值的影响。分别随机取四个初值,分别是 $(10,5,2)$、$(-6,3,7)$、$(9,-2,1)$ 和 $(-4,-2,-3)$。图 7.9 ~ 图 7.11 分别给出了在 50、70 和 100 时间长度下,例 7.1 的优化仿真结果,此时 η 为 1.3068。而图 7.12 ~ 图 7.14 分别给出了在 50、70 和 100 时间长度下,例 7.2 的优化仿真结果。

从图 7.9 ~ 图 7.14 可以看出,在不同的初值和时间长度下,无论例 7.1 还是例 7.2,经过足够长的时间,系统的最优解终究都收敛到平凡的周期最优解——平衡点上。并且该平衡点与例 7.1 和例 7.2 中得到的结果相一致。因此,从以上的仿真结果可以推测,式(7.94)设定的动态滑翔最优控制问题具有 Turnpike 性质[151],即不依赖初值和时间段的选取。由此可见,动态滑翔的平衡态也是最优的滑翔模式。

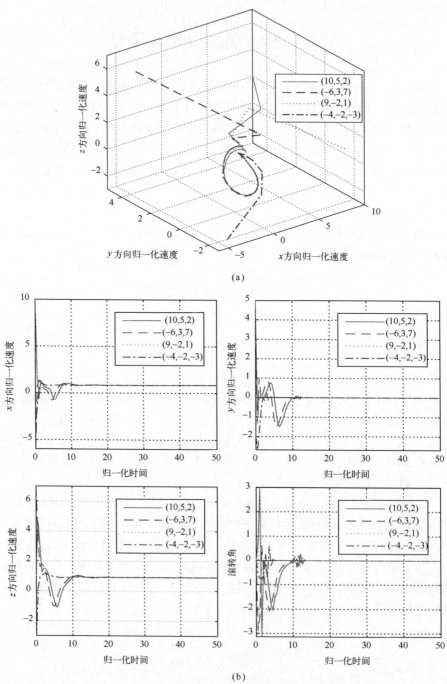

图 7.9　例 7.1 在不同初值下归一化时间长度为 50s 的优化仿真结果

（a）相图；（b）速度和滚转角随时间变化的曲线。

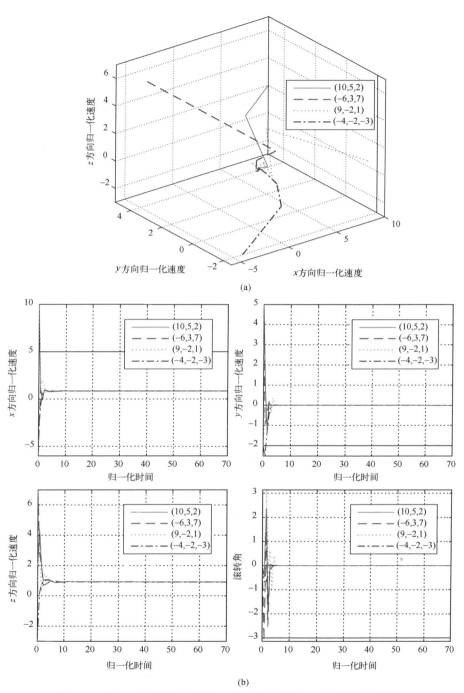

图 7.10　例 7.1 在不同初值下归一化时间长度为 70s 的优化仿真结果

（a）相图;（b）速度和滚转角随时间变化的曲线。

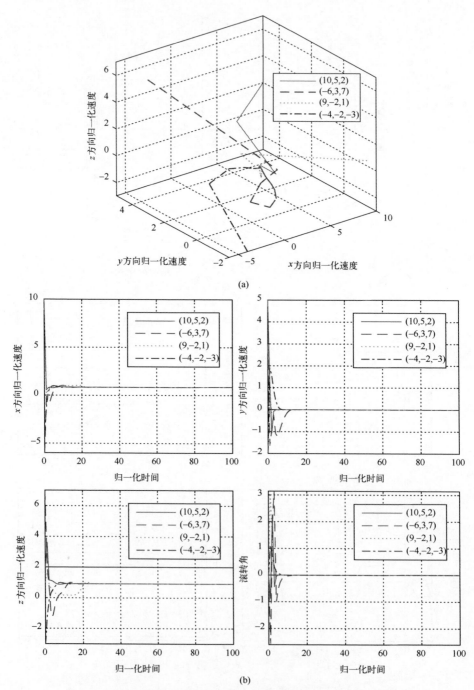

图 7.11　例 7.1 在不同初值下归一化时间长度为 100s 的优化仿真结果

（a）相图；（b）速度和滚转角随时间变化的曲线。

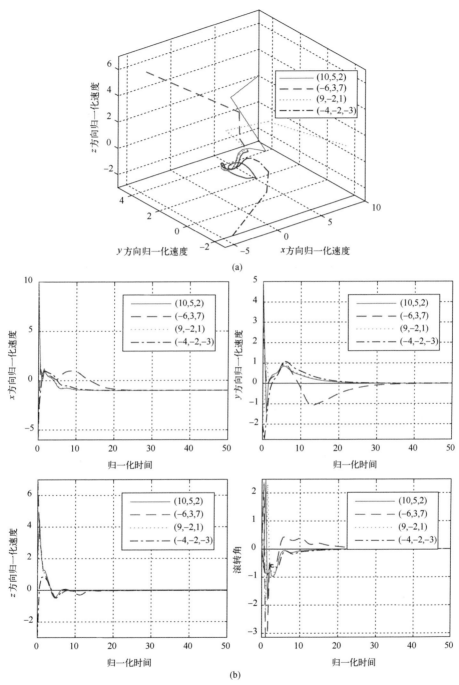

图 7.12　例 7.2 在不同初值下归一化时间长度为 50s 的优化仿真结果

（a）相图；（b）速度和滚转角随时间变化的曲线。

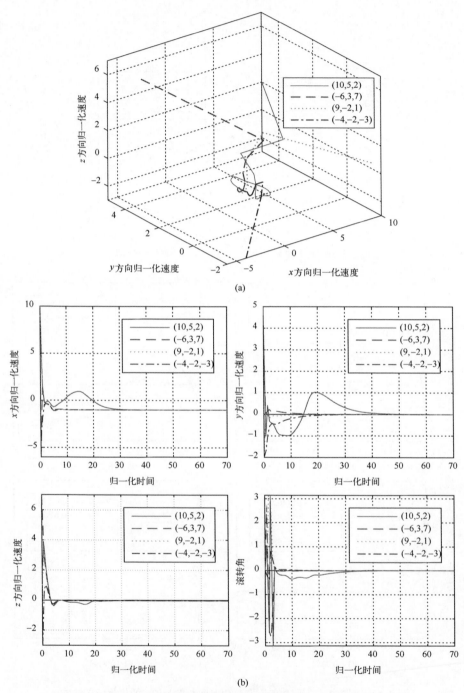

图 7.13 例 7.2 在不同初值下归一化时间长度为 70s 的优化仿真结果
（a）相图;（b）速度和滚转角随时间变化的曲线。

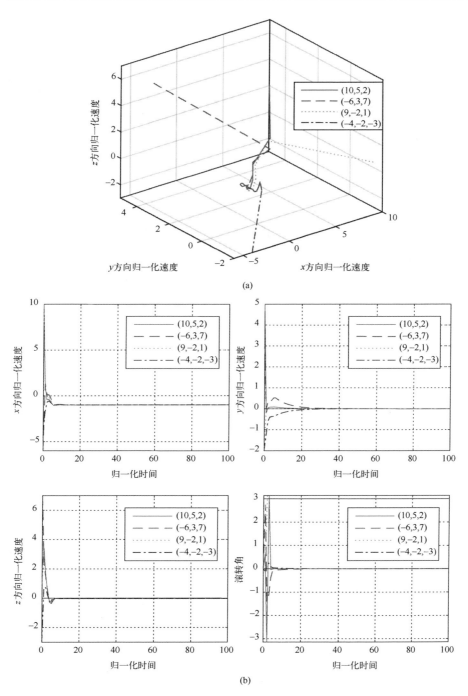

图 7.14　例 7.2 在不同初值下归一化时间长度为 100s 的优化仿真结果
（a）相图；（b）速度和滚转角随时间变化的曲线。

7.3 本章小结

本章讨论了梯度风动态滑翔的最优控制问题。首先,将梯度风动态滑翔系统增广为在常值气动系数情况下的正则系统,并给出了周期最优控制的横截条件。根据正则系统,探讨了动态滑翔的平衡点与正则系统平衡点的关系。经过理论分析,可以证明在动态滑翔系统的平衡点中,滚转角为$0°$的那些点也是正则系统的平衡解。根据极大值原理,正则系统只是最优控制的一个必要条件,而对于周期最优控制,正则系统的一条轨线判断是否为最优控制的一个常用方法是频率测试。然后,利用频率测试检验了信天翁在两种情况下(有上升平衡曲线和无上升平衡曲线)平衡解的最优性,结果显示这两种情况都通过了频率测试,因此可以推断梯度风动态滑翔无滚转角时的平衡解是周期最优控制。最后,利用数值优化算法计算出在这两种情况下不同初值和不同时间长度的最优解,结果表明最优解经过足够长的时间最终都收敛于平衡解。由此可见,滚转角为$0°$的平衡解不仅是周期最优控制,也是最优控制。

第 8 章　总结与展望

长航时和远距离飞行是当前无人飞行器设计的重要指标。本书以自然界中信天翁的风梯度动态滑翔为出发点,研究了如何从自然界中的物理量呈梯度变化的风场中获取能量,以周期性的滑翔轨迹实现无人飞行器的长航时和远距离飞行。

梯度风场分布于海洋上空以及内陆平原地区,梯度风滑翔的无人飞行器可以通过携带不同类型的有效载荷长时间执行信息的获取和信息的中转传送,在军事和民用领域具有广阔的应用前景,如海洋监测与侦查、农业监视等。梯度风动态滑翔作为一种可实现无人飞行器长航时和远距离飞行目标的重要飞行模式,其技术实现难度较大,当前要完全应用于工程实践,还有许多难题需要解决,如梯度风能的转换机理、航迹规划与持续获能、多目标优化设计、能量优化控制策略等。其中,如何实现不断从梯度风场获取能量及相应的利用策略是最需要解决的问题之一。本书围绕上述问题,主要进行了以下研究工作:

系统整理了国内外的一些研究人员对风梯度动态滑翔的理论分析和实验探索,包括梯度风场的感知与建模、坐标系选择、风梯度滑翔机理、航迹优化方法以及风梯度滑翔机的设计思路等。归纳出了其中一些尚不明朗的问题,如动态滑翔过程中的获能机理、最优航迹的可行域范围、梯度风能综合利用策略等,以解决这一系列问题为研究主线,开展研究工作。

分析了梯度风动态滑翔的运动机理和运动特性。首先是飞行环境的分析,对适合于梯度风动态滑翔的风场环境进行了数据采集和数学建模,为理论上研究梯度风动态滑翔提供了相应的风场模型。其次,建立了飞行器的动力学建模,分析了梯度风动态滑翔过程中的获能原理,从理论上解释了主要进行获取能量的阶段,即逆风爬升和顺风下滑这两个阶段。结合动力学方程组,提出了适合于风梯度滑翔航迹优化的方法,即最优控制问题的近似求解法。最后,应用哈密顿方程分析了风梯度动态滑翔过程中的边界条件,主要是最小风梯度与飞行器翼载荷之间的关系,风场梯度与升阻比之间的关系以及翼载荷与升阻比之间的关系,在接下来的航迹优化研究中,为设定相应的状态变量和控制变量的范围提供了依据。

研究了风梯度动态滑翔过程中最优航迹的方向范围。采用了将最优航迹的方向范围转换为切入角的研究方法,通过求解切入角的大小从确定方向的范围。在研究过程中,从最简单的切入角为0°时的最优航迹入手,获得相应的能量闭环的计算方法。对切入角不为0°的滑翔航迹,将所在风场进行分解,分段计算能够满足滑翔过程中能量闭环的最大切入角,从而获得梯度风动态滑翔过程中最优航迹的方向范围。

梯度风滑翔过程中的长航时与远距离问题的研究。在综合利用梯度风进行无动力滑翔的基础上,分析了基于航迹设计的能源利用策略。长航时与远距离是梯度风动态滑翔航迹优化的两个相互独立的优化目标,也就是说飞得远不一定要飞得久,这个论断主要通过仿真实验得以验证。将两个优化目标设置为求解两个优化函数的最大值,结合两种不同的边界约束,获得了三种不同的滑翔模式:长航时开环模式、长航时闭环模式和远距离开环模式。分别对在这三种模式下的梯度风动态滑翔进行了讨论:对三种不同的滑翔模式影响较大的是滚转角、航向角和升力系数的变化,三种模式下的能量变化趋势基本类似,这也说明虽然是不同优化目标的动态滑翔,其获取能量的原理是一致的。

利用受力平衡关系得到了梯度风动态滑翔平衡点的方程。平衡点的集合构成了平衡曲线,经过数值仿真和理论证明:平衡曲线由上升和下降两个分支构成,如果存在上升分支意味着飞行器可以依此平衡点匀速上升。理论证明:平衡曲线的上升分支的存在性需要一定的条件,该条件不总是能够满足,而下降分支则总是存在。上升平衡曲线的存在性定理不够直观,因而依据定理推导出一个指标判据,该指标恰好可以将环境、气动和结构三个因素以乘积的形式解耦。利用该判据解耦各个因素发现:对于平衡问题存在最优的升力系数且该升力系数往往远小于最大升阻比对应的升力系数;对于已定构型的飞行器,存在实现平衡上升的最小风梯度;环境中的大气密度和重力加速度也是影响平衡上升的因素,大气越稀薄,重力加速度越小,则越容易实现平衡上升;翼载荷越大,则越容易满足平衡上升判据。利用数值仿真和能量边界的结论推知上升平衡曲线位于获能区内,下降平衡曲线位于耗能区内。

归一化动态滑翔的动力学方程,得到影响方程拓扑性质的最少量参数。基于归一化方程,计算风梯度变化时平衡曲线的稳定性和分岔特性。计算结果发现,平衡曲线上分岔点的拓扑性质会因风梯度的不同而改变,且上升平衡曲线上必定存在稳定的部分,这意味着飞行器持续爬升是自发的。观察发现上升平衡点上存在一对折分岔,是在上升平衡曲线上稳定部分和不稳定部分的分界点。而下降平衡曲线的最上面部分也是稳定的,不仅存在一对折分岔,还有一对 Hopf 分岔,但随着风梯度的变化,它的分岔点的分布与稳定区域也会发生变化,特别是 Hopf 分岔会消失。为了研究风梯度对平衡曲线拓扑性质的影响,进一步计算了风梯度变化引起的余维 2 分岔,得到 Hopf 曲线和折曲线,并且探索了风梯度对平衡曲线上分岔点的影响,从而得到 0-Hopf 点是两对 Hopf 分岔从位于折分岔的异侧突变到折分岔同侧的分岔点。通过观察 Hopf 曲线,得到 Hopf 分岔点存在的最小风梯度。

讨论动态滑翔的最优控制问题。首先,将梯度风动态滑翔系统增广为在常值气动系数情形下的正则系统,并给出周期最优控制的横截条件。经过理论分析,可以证明在动态滑翔系统的平衡点中,滚转角为 0° 的那些点也是正则系统的平衡解。然后,利用频率测试检验了信天翁在两种情况下(有上升平衡曲线和无上升平衡曲线)平衡解的最优性,结果显示这两种情况都通过了频率测试,因此可以推断动梯度风态滑翔无滚转角时的平衡解是周期最优控制。最后,利用数值优化算法计算在这两种情况下对于不同初值和不同时间长度的最优解,结果表明最优解经过足够长的时间最终都收敛于平衡解,得到结论滚转角为 0° 的平衡解不仅是周期最优控制,也是最优控制。

今后的研究工作可以从以下几个方面继续展开:

(1)风场的实时感知与航迹的实时规划。目前的研究工作都是基于风场已知的前提下进行的,但是自然界的风场都是实时多变的,因此对风场参数进行实时感知,在所获得的风场参数的基础上,对风梯度动态滑翔的航迹进行实时的规划,是将梯度风动态滑翔应用于工程实践的关键之一。

(2)梯度风动态滑翔平衡态与传统基于优化航迹之间的联合研究。目前已知,如果飞行器的气动参数一定,梯度风动态滑翔系统的平衡点也是最优控制。对于将气动参数作为输入的情形,优化出的航迹是瑞利(Rayleigh)循环,这表明此时平衡点不再是最优控制。这其中的原因需要进一步深入分析。

(3)梯度风动态滑翔的仿生学研究。既然梯度风动态滑翔是基于信天翁滑翔技术的仿生研究,重点就在于如何"仿",没有对于信天翁飞行实际状况的观察与体验,就丧失了仿生学最基本的研究基础。对于信天翁等海鸟或人类动态滑翔飞行员展示动态滑翔高超技巧时的运动和当时气象条件数据的收集和捕捉还远远不足,这也是实现自主动态滑翔必须要突破的瓶颈。

(4)结合临近空间太阳能飞行器的多能源飞行系统的研究。针对目前临近空间太阳能飞行器难以实现持久驻留能源闭环的难题,结合临近空间存在稳定梯度风场可提供能源补充的特点,研究梯度风动态滑翔无人飞行器在临近空间的气动性能和获能规律。综合临近空间太阳能飞行器与本书所研究的动态滑翔无人飞行器的气动特征,设计可进行多能源获取的无人飞行器模型,论证该无人飞行器在临近空间的获能机理、功率消耗和多能源分配规律,推进基于太阳能和梯度风能的多能源获取技术的应用。

参 考 文 献

[1] Hsiao F B, Lai Y C, Lee M T, *et al*. Unmanned Aerial Vehicle——A Good Tool for Aerospace Engineering Education and Research [R]. Exploring Innovation in Education and Research, Taiwan: Tainan, 2005.

[2] Peter van Blyenburgh. UAVs: an overview [J]. Air & Space Europe, 1999, 1(9): 43-47.

[3] 朱宝鎏. 无人飞行器空气动力学[M]. 北京: 航空工业出版社, 2006.

[4] 弗里德曼. 全球作战无人飞行器[M]. 北京: 中国市场出版社, 2011.

[5] 祝小平, 周洲. 作战无人飞行器的发展与展望[J]. 飞行力学, 2005, 23: 1-4.

[6] 刘重阳. 国外无人飞行器技术的发展[J]. 舰船电子工程, 2010, 30: 19-23.

[7] 刘铭, 孙轶. 国外军用无人飞行器技术的发展分析[J]. 舰船电子工程, 2010, 30: 22-27.

[8] 郭宝录, 李朝荣, 乐洪宇. 国外无人飞行器技术的发展动向与分析[J]. 舰船电子工程, 2008, 28(9): 46-49, 112.

[9] Kochan A. Automation in the sky[J]. Industrial Robot An International Journal, 2005, 32: 468-471.

[10] Austin R. Unmanned aircraft systems: UAVS design, development and deployment [J]. 2011, 54.

[11] Deittert M. The Albatross UAV: propulsion by dynamic soaring for unmanned aerial vehicles [D]. Bristol: University of the West of England, 2010.

[12] Bruce E. Commercial Applications of UAV's in Japanese Agriculture[C], 1st UAV Conference: American Institute of Aeronautics and Astronautics, 2002.

[13] Sato A. The RMAX helicopter UAV[R]. Shizuoka: Rmax Helicopter Uav, 2003.

[14] Blom J D. Unmanned Aerial Systems: a historical perspective[R]. Fort Leavenworth: Combat Studies Institute Press, 2010.

[15] Dalamagkidis K. Aviation History and Unmanned Flight, Handbook of Unmanned Aerial Vehicles[M]. Dordrecht: Springer Netherlands, 2015.

[16] Beard R W, McLain T W. Small unmanned aircraft: Theory and practice [M]. New Jersey: Princeton University Press, 2012.

[17] Weatherington D, Deputy U. Unmanned Aircraft Systems Roadmap, 2005—2030[R]. Deputy, UAV Planning Task Force, OUSD (AT&L), 2005.

[18] 高广林, 李占科, 宋笔锋, 等. 太阳能无人飞行器关键技术分析[J]. 飞行力学, 2010, 28: 1-4.

[19] Jones D. Power line inspection-a UAV concept[J]. Autonomous Systems, *The IEE Forum*

on（Ref. No. 2005/11271），2005，8（6）：6.

［20］J R，J J Y Jr，J E Cartwright，et al. Unmanned Systems Roadmap 2007—2032［R］. Department of Defense（DoD），2007.

［21］Zhao Y J，Qi Y C. Minimum fuel powered dynamic soaring of unmanned aerial vehicles utilizing wind gradients［J］. Optimal Control Applications and Methods，2004，25：211－233.

［22］Palethorpe B，Catucci M，Ede J，et al. Very Long Endurance Propulsion Systems［C］. Edinburgh：3rd SEAS DTC Technical Conference，2008.

［23］Gottfried S，Jakob L，Florian H. Unlimited Endurance Performance of Solar UAVs with Minimal or Zero Electrical Energy Storage［C］. AIAA Guidance，Navigation，and Control Conference，2009.

［24］Sara C spangelo，Elmer G Gilbert，Andrew T klesh，et al. Periodic Energy－Optimal Path Planning for Solar－Powered Aircraft［C］. Chicago：AIAA Guidance，Navigation，and Control Conference，2009，Aug. 10－13.

［25］Cestino E. Design of solar high altitude long endurance aircraft for multi payload & operations［J］. Aerospace Science and Technology，2006，10（9）：541－550.

［26］Klesh A T，Kabamba P T. Solar－Powered Aircraft：Energy－Optimal Path Planning and Perpetual Endurance［J］. Journal of Guidance，Control，and Dynamics，2009，32：1320－1329.

［27］王红波，祝小平，周洲，等. 太阳能无人飞行器螺旋桨滑流气动特性分析［J］. 西北工业大学学报，2015，33：913－920.

［28］王科雷，周洲，甘文彪，等. 太阳能无人飞行器低雷诺数翼型气动特性研究［J］. 西北工业大学学报，2014，32：163－168.

［29］Frulla G. Aeroelastic behaviour of a solar－powered high－altitude long endurance unmanned air vehicle（HALE－UAV）slender wing［J］. Proceedings of the Institution of Mechanical Engineers Part G Journal of Aerospace Engineering，2004，218：179－188.

［30］Jennifer H，James M，Norma C. The NASA Dryden AAR Project：A Flight Test Approach to an Aerial Refueling System［C］. AIAA Atmospheric Flight Mechanics Conference and Exhibit，American Institute of Aeronautics and Astronautics，2004.

［31］Joe N，Jake H. Automated Aerial Refueling：Extending the Effectiveness of UAVs［C］. AIAA Modeling and Simulation Technologies Conference and Exhibit，American Institute of Aeronautics and Astronautics，2005.

［32］Segal M J，Wise K A. Solar energy collection flight path management system for aircraft［R］. US，2013.

［33］North A，Siegwart R，Engel W. Autonomous Solar UAV for Sustainable Flights［M］. Netherlands：Springer Netherlands，2007.

［34］Barbosa R，Escobar B，Sanchez V M，et al. Sizing of a solar/hydrogen system for high altitude long endurance aircrafts［J］. International Journal of Hydrogen Energy，2014，39：16637－16645.

［35］Lee J S，Park H B，Yu K H. Flight path optimization of solar powered UAV for endurance

flight[C]. Society of Instrument and Control Engineers of Japan (SICE) ,2015 54th Annual
Conference of the,2015:820-823.

[36] Rapinett A. Zephyr:A High Altitude Long Endurance Unmanned Air Vehicle[D]. Surrey:
University of Surrey,2009.

[37] Qineti Q. *Solar aircraft achieves longest unmanned flight.* [EB/OL]. http://www. reinforced-
plastics. com/view/11368/zephyr-solar-aircraft-achieves-longest-unmanned-flight/.

[38] Mcgahan J. Gliding flight of the Andean condor in nature[J]. Journal of the Atmospheric
Sciences,1973,58:239-53.

[39] Barbraud C,Chastel O,Weimerskirch H. Frigatebirds ride high on thermals[J]. Nature,
2003,421:333-334.

[40] Bishop C M. Circulatory variables and the flight performance of birds[J]. J Exp Biol,2005,
208:1695-708.

[41] Wood C. The flight of albatrosses (a computer simulation)[J]. Ibis,1973,115:244-256.

[42] Denny M. Dynamic soaring:aerodynamics for albatrosses[J]. European Journal of Physics,
2009,30:75-84.

[43] Cothran D. Albatrosses,Petrels & Shearwaters Of the World[J]. Northwestern Naturalist,
2008,89:63-64.

[44] Pennycuick C J. The Flight of Petrels and Albatrosses (Procellariiformes)[J]. South Georgia
and its Vicinity,1982,300(1098):75-106.

[45] Tobalske B W,Hedrick T L,Dial K P,et al. Comparative power curves in bird flight[J].
Nature,2003,421:363-366.

[46] Tennekes H. The Simple Science of Flight,Revised and Expanded Edition:From Insects to
Jumbo Jets[M]. Massachusetts:MIT press,2009.

[47] Allen J M. Glider Flying Handbook:United States Department of Transportation[M]. Air-
man:Federal Aviation Administration,2013.

[48] Andersson K,Kaminer I,Dobrokhodov V,et al. Thermal centering control for autonomous
soaring: stability analysis and flight test results[J]. Journal of Guidance, Control, and
Dynamics,2012,35:963-975.

[49] Pennycuick C J. Thermal Soaring Compared in Three Dissimilar Tropical Bird Species,
Fregata Magnificens,Pelecanus Occidentals and Coragyps Atratus[J]. Journal of Experimen-
tal Biology,1983,102:307-325.

[50] Zsuzsa A,Máté N,Tamás V. Comparing bird and human soaring strategies[R]. Proceedings
of the National Academy of Sciences of the United States of America,2008,105:4139-4144.

[51] Qi Y C,Zhao Y J. Energy-Efficient Trajectories of Unmanned Aerial Vehicles Flying through
Thermals[J]. Journal of Aerospace Engineering,2005,2005:84-92.

[52] Cowling I D,Willcox S,Patel Y,et al. Increasing persistence of UAVs and MAVs through
thermal soaring[J]. The Aeronautical Journal,2009,113:479-489.

[53] Kagabo W B. Optimal trajectory planning for a UAV glider using atmospheric thermals[J].

Rochester Institute of Technology,2010,7(5):356-357.

[54] Fonseka E. Modeling and Flying Thermal Tubes with an UAV[R]. Autonomous Systems Lab Siegwart ETH Zurich,2007.

[55] Childress C E. An Empirical Model of Thermal Updrafts Using Data Obtained From a Manned Glider[D]. Knoxville:The University of Tennessee,2010.

[56] Andersson K,Jones K,Dobrokhodov V,et al. Thermal highs and pitfall lows -notes on the journey to the first cooperative autonomous soaring flight[C] // 2012 IEEE 51st IEEE Conference on Decision and Control (CDC),2012:3392-3397.

[57] Langelaan J W,Roy N. Enabling New Missions for Robotic Aircraft[J]. Science,2009,326: 1642-1644.

[58] Sachs G,Costa O. Dynamic Soaring in Shear Wind Regions Associated with Jet Streams[J]. Technical Soaring,2012,31:13-18.

[59] Manwell J F,McGowan J G,Rogers A L. Wind energy explained:theory,design and application[M]. New York:John Wiley & Sons,2010.

[60] Richardson P L. How do albatrosses fly around the world without flapping their wings? [J]. Progress in Oceanography,2011,88:46-58.

[61] Sachs G,Traugott J,Nesterova A P,et al. Flying at No Mechanical Energy Cost:Disclosing the Secret of Wandering Albatrosses[J]. PLoS ONE,2012,7(9):1-7.

[62] Traugott J,Holzapfel F,Sachs G. Conceptual Approach for Precise Relative Positioning with Miniaturized GPS Loggers and Experimental Results[C]. Cambridge:Nato Research & Technology Organisation,2010.

[63] Rayleigh J W S. The Soaring of Birds[J]. Nature,1883,27:534-535.

[64] Weimerskirch H,Guionnet T,Martin J,et al. Fast and fuel efficient Optimal use of wind by flying albatrosses[J]. Proceedings of the Royal Society B:Biological Sciences,2000,267 (1455):1869-1874.

[65] Boslough M. B. Autonomous dynamic soaring platform for distributed mobile sensor arrays [R]. Sandia National Laboratories,Sandia National Laboratories,Tech. Rep. SAND,2002: 2002-1896.

[66] Langelaan J W,Spletzer J,Montella C,et al. Wind field estimation for autonomous dynamic soaring[C]. Robotics and Automation (ICRA),2012 IEEE International Conference on, 2012:16-22.

[67] Ricardo B,Anouck G,Mariam A,et al. Shear Wind Estimation[C]. AIAA Guidance,Navigation,and Control Conference,American Institute of Aeronautics and Astronautics,2011.

[68] Dutta P,Bhattacharya R. Hypersonic State Estimation Using the Frobenius-Perron Operator [J]. Journal of Guidance,Control,and Dynamics,2011,34:325-344.

[69] Kumar M,Chakravorty S. Nonlinear Filter Based on the Fokker-Planck Equation [J]. Journal of Guidance,Control,and Dynamics,2012,35:68-79.

[70] Jensen K J. Generalized Nonlinear Complementary Attitude Filter [J]. Journal of Guidance,

Control,and Dynamics,2011,34:1588-1593.

[71] Cheng Y,Crassidis J L. Particle Filtering for Attitude Estimation Using a Minimal Local-Error Representation [J]. Journal of Guidance, Control, and Dynamics, 2010, 33: 1305-1310.

[72] Sachs G. Minimaler Windbedarf fiir den dynamischen Segelflug der Albatrosse [J]. *Journal* fur Ornithologie,1993,134:435-445.

[73] Gottfried S,Klaus L,Alexander K. Optimal control for maximum energy extraction from wind shear [C]. Guidance,Navigation and Control Conference,American Institute of Aeronautics and Astronautics,1989.

[74] Sachs G,Mayrhofer M. Shear wind strength required for dynamic soaring at ridges [C]. Technical Soaring,2001,25:209-215.

[75] Gottfried S,Orlando C. Dynamic Soaring in Altitude Region below Jet Streams [C]. AIAA Guidance,Navigation,and Control Conference and Exhibit,American Institute of Aeronautics and Astronautics,2006.

[76] Gottfried S,Johannes T,Florian H. Progress against the Wind with Dynamic Soaring -Results from In-Flight Measurements of Albatrosses [C]. AIAA Guidance,Navigation,and Control Conference,American Institute of Aeronautics and Astronautics,2011.

[77] Sachs G,Traugott J,Nesterova A P,et al. Experimental verification of dynamic soaring in albatrosses [J]. J Exp Biol,2013,216:4222-4232.

[78] Gottfried P S,Jakob L,Florian H. Dynamic Soaring of Albatrosses over Land [C]. AIAA Atmospheric Flight Mechanics (AFM) Conference,American Institute of Aeronautics and Astronautics,2013.

[79] Kicenuik T. Dynamic Soaring and Sailplane Energetics [J]. Technical Soaring,2001,25:221-227.

[80] Kicenuik T. Calculations on Soaring Sink [J]. Technical Soaring,2001,25:228-230.

[81] Langelaan J W. Long distance/duration trajectory optimization for small UAVs [C]. AIAA Guidance,Navigation and Control Conference and Exhibit,Hilton Head,SC,2007.

[82] Langelaan J W. Gust Energy Extraction for Mini and Micro Uninhabited Aerial Vehicles [J]. Journal of Guidance,Control,and Dynamics,2009,32:464-473.

[83] Nathan D,Jack L. Coordinated Mapping and Exploration for Autonomous Soaring [C]. Infotech@ Aerospace 2011,American Institute of Aeronautics and Astronautics,2011.

[84] John J B,Jack W L,Corey M,et al. Closing the Loop in Dynamic Soaring [C]. AIAA Guidance, Navigation, and Control Conference, American Institute of Aeronautics and Astronautics,2014.

[85] Chakrabarty A,Langelaan J W. Flight Path Planning for UAV Atmospheric Energy Harvesting Using Heuristic Search [C]. Toronto:AIAA Guidance,Navigation,and Control Conference,Ontario Canada,2010.

[86] Lawrance N R J,Sukkarieh S. Autonomous Exploration of a Wind Field with a Gliding Air-

craft [J]. Journal of Guidance,Control,and Dynamics,2011,34:719-733.

[87] Lawrance N R J,Sukkarieh S. Path Planning for Autonomous Soaring Flight in Dynamic Wind Fields [C]. Shanghai:2011 IEEE International Conference on Robotics and Automation,International Conference Center,2011.

[88] Lawrance N R,Sukkarieh S. A guidance and control strategy for dynamic soaring with a gliding UAV [C]. Robotics and Automation, 2009. ICRA' 09. IEEE International Conference on,2009:3632-3637.

[89] NRJ L. Autonomous Soaring Flight for Unmanned Aerial Vehicles [D]. Sydney:The University of Sydney,2011.

[90] Ariff O,Go T. Dynamic soaring of small-scale uavs using differential geometry [C]. 7th IB-CAST conference Aerospace Sciences Meeting and Exhibition,2010:8-11.

[91] Ariff O,Go T. Waypoint navigation of small-scale uav incorporating dynamic soaring [J]. Journal of Navigation,2011,64:29-44.

[92] Zhao Y J. Extracting Energy from Downdraft to Enhance Endurance of Uninhabited Aerial Vehicles [J]. Journal of Guidance,Control,and Dynamics,2009,32:1124-1133.

[93] Guo W,Zhao Y J. Optimal Unmanned Aerial Vehicle Flights for Seeability and Endurance in Winds [J]. Journal of Aircraft,2010,48:305-314.

[94] Deittert M, Richards A, Toomer C A, Pipe A. Engineless Unmanned Aerial Vehicle Propulsion by Dynamic Soaring [J]. Journal of Guidance,Control,and Dynamics,2009,32:1446-1457.

[95] Wharington J M. Heuristic control of dynamic soaring [C]. Control Conference,2004 5th Asian,2004,2:714-722.

[96] Wharington J. Autonomous Control of Soaring Aircraft by Reinforcement Learning [D]. Doctor of Philosophy,Department of Aerospace Engineering in the Faculty of Engineering, Australia:Royal Melbourne Institute of Technology,1998.

[97] Vincent B, Christine T, Moschetta J M, Emmanuel B. Energy Harvesting Mechanisms for UAV Flight by Dynamic Soaring [C]. AIAA Atmospheric Flight Mechanics (AFM) Conference,American Institute of Aeronautics and Astronautics,2013.

[98] Peter L. Wind Energy Extraction by Birds and Flight Vehicles [C]. 43rd AIAA Aerospace Sciences Meeting and Exhibit,American Institute of Aeronautics and Astronautics,2005.

[99] Barate R,S e Doncieux,Meyer J A. Design of a bio-inspired controller for dynamic soaring in a simulated unmanned aerial vehicle [J] Bioinspiration & Biomimetics, 2006, (1): 76-88.

[100] Bencatel R,Kabamba P,Girard A. Perpetual Dynamic Soaring in Linear Wind Shear [J]. Journal of Guidance Control and Dynamics,2014,(37):1712-1716.

[101] Grenestedt J L. On Dynamic Soaring [R]. State of New Jersey:Princeton University,2010.

[102] Montella C,Spletzer J R. Reinforcement learning for autonomous dynamic soaring in shear winds [C]//. Intelligent Robots and Systems (IROS 2014),2014 IEEE/RSJ International

Conference,2014:3423-3428.

[103] Sukumar P P,Selig M S. Dynamic Soaring of Sailplanes over Open Fields [J]. Journal of Aircraft,2013,(50):1420-1430.

[104] Moorhouse D J. Airspeed Control under Wind Shear Conditions [J]. Journal of Aircraft, 1977,(14):1244-1244.

[105] Lissaman P. Fundamentals of Energy Extraction from Natural Winds [J]. Technical Soaring, 2012,(31).

[106] Patterson M A,Rao A V. GPOPS - Ⅱ Version 1.0:A General-Purpose MATLAB Toolbox for Solving Optimal Control Problems Using the Radau Pseudospectral Method [J]. University of Florida,Gainesville,2013,32611-6250.

[107] Patterson M A,Rao A V. GPOPS-Ⅱ:A MATLAB Software for Solving Multiple-Phase Optimal Control Problems Using hp-Adaptive Gaussian Quadrature Collocation Methods and Sparse Nonlinear Programming [J]. ACM Trans. Math. Softw,2014,(41):1-37.

[108] Fourer R,Gay D M,Kernighan B W. AMPL:A Modeling Language for Mathematical Programming 2nd ed [M]. Florence,KY:Thomson/Brook/Cole,2002.

[109] ALTOS N N. Software User Manual. Stuttgart:Institut für Flugmechanik und Flugregelung [D]. Baden-Wiirttembery:University of Stuttgart,1996.

[110] Gill P E,Murray W,Saunder M A,et al. User's guide for NPSOL (Version 4.0):a Fortran package for nonlinear programming [M]. San Francisco:Stanford University Press,1986.

[111] Patterson J B. Manufacturing Techniques Developed for the JetStreamer Dynamic Soaring UAV [D]. Pennsylvania:Lehigh University,2014.

[112] Geoffrey B,Tristan F,Ilan K. Conceptual Design of a Small UAV for Continuous Flight Over the Ocean [C]. 11th AIAA Aviation Technology,Integration and Operations (ATIO) Conference,American Institute of Aeronautics and Astronautics,2011.

[113] Bower G C. Boundary Layer Dynamic Soaring for Autonomous Aircraft:Design and Validation [D]. San Francisco:Stanford University, 2011.

[114] Barnes J P. How Flies the Albatross——The Flight Mechanics of Dynamic Soaring [C]. the In World Aviation Congress. SAE,SAE International,2005.

[115] James P. Preliminary Dynamic Soaring Research Using A Radio Control Glider [C]. 42nd AIAA Aerospace Sciences Meeting and Exhibit, American Institute of Aeronautics and Astronautics,2004.

[116] Hoey R G. Exploring bird aerodynamics using radio-controlled models [J]. Bioinspiration & biomimetics,2010,(5).

[117] Richardson P L. High-Speed Dynamic Soaring [J]. R/C Soaring Digest,2012:36-49.

[118] Richardson P L. Upwind dynamic soaring of albatrosses and UAVs [J] Progress in Oceanography,2015:146-156.

[119] Gao X Z,Hou Z X,Guo Z,et al. Analysis and design of guidance-strategy for dynamic soaring with UAVs. [J]. Control Engineering Practice,2014:218-226.

［120］Zhu B J,Hou Z X,Ouyang H J. Trajectory optimization of unmanned aerial vehicle in dynamic soaring ［J］. Proc. IMechE Part G:Journal of aerospace engineering,2016:1–15.

［121］B Zhu,Z Hou,Y Lu,et al. The Direction Zone of Engineless UAVs in Dynamic Soaring ［J］. CMES:Computer Modeling in Engineering & Sciences,2015,(105):467–490.

［122］盛其虎,吴德铭,张亮. 信天翁近海面飞行时的气动力研究 ［J］. 应用数学和力学, 2005,(26):1114–1120.

［123］U. S. atmosphere,U. S. Committee on Extension to the Standard Atmosphere ［S］. Washington,DC:US Government Printing Office,1976.

［124］Michael A. Updraft Model for Development of Autonomous Soaring Uninhabited Air Vehicles ［C］. 44th AIAA Aerospace Sciences Meeting and Exhibit,American Institute of Aeronautics and Astronautics,2006.

［125］Barnes P,Fishman R,Tervamaki J. Electric UAV Using Regenerative Soaring and Solar Power［R］. San Francisco:Zero,2013.

［126］Bencatel R,Sousa J,Faied M,et al. Shear wind estimation ［C］. In Proc. of the AIAA Guidance,Navigation,and Control Conference,Portland Oregon,2011.

［127］Cook M V. Flight dynamics principles:a linear systems approach to aircraft stability and control ［R］. Butterworth-Heinemann,2012.

［128］Caughey D A. Introduction to Aircraft Stability and Control Course Notes for M&AE 5070 ［R］. New York:Sibley School of Mechanical & Aerospace Engineering Cornell University, Ithaca,2011:14853–7501.

［129］Zhao Y J. Optimal patterns of glider dynamic soaring ［J］. Optimal Control Applications and Methods,2004,25:67–89.

［130］Sachs G. Minimum shear wind strength required for dynamic soaring of albatrosses ［J］. Ibis,2005:1–10.

［131］Pennycuick C J. Gust Soaring as a Basis for the Flight of Petrels and Albatrosses ［J］. Avian Science,2002,2:1–12.

［132］Seywald H. Trajectory optimization based on differential inclusion (Revised) ［J］. Journal of Guidance,Control and Dynamics,1994,(17):480–487［1994/05/01］.

［133］Hargraves C R,Paris S W. Direct Trajectory Optimization Using Nonlinear Programming and Collocation ［J］. Journal of Guidance,Control,and Dynamics,1987,(10):338–342.

［134］Cliff E M,Seywald H,Bless R. R. Hodograph Analysis in Aircraft Trajectory Optimization ［C］. presented at the AIAA,1993:93–3742.

［135］Zhu B,Hou Z,Wang X,et al. Long Endurance and Long Distance Trajectory Optimization for Engineless UAV by Dynamic Soaring ［J］. CMES:Computer Modeling in Engineering & Sciences,2015,(106):357–377.

［136］Bonnin V,Toomer C C. Energy-Harvesting Mechanisms for UAV Flight by Dynamic Soaring ［C］. presented at the AIAA Atmospheric Flight Mechanics (AFM) Conference,Boston, MA,2013.

167

［137］Kermode A C. Mechanics of Flight［M］. Edinburgh Gate：Pitman Books Ltd，2006.

［138］National Center for Atmospheric Research. MM5 modeling system version 3，Boulder Colo ［R/OL］.（2003）http：//www. mmm. ucar. edu/mm5/doc1. html.

［139］K J B. Research-Community Priorities for WRF-System Development［J］. WRF Research Applications Board，2006.

［140］José J V，Saletan E J. Classical Dynamics：A Contemporary Approach［M］. London：Cambridge University Press，1998.

［141］Hull D G. Conversion of Optimal Control Problems into Parameter Optimization Problems ［J］. Journal of Guidance，Control，and Dynamics，1997，（20）：57-60.

［142］Roskam J. Airplane flight dynamics and automatic flight controls［M］. Lawrence：DARcorporation，1995.

［143］Sachs G，Costa O. Optimization of Dynamic Soaring at Ridges［C］// AIAA Atmospheric Flight Mechanics Conference and Exhibit，Austin，Texas，11-14 August，2003：2003-5303.

［144］Murray，Richard M，Sastry，et al. A Mathematical Introduction to Robotic Manipulation ［M］. Boca Raton：CRC Press，1994.

［145］Etkin B. Dynamics of atmospheric flight［M］. New York：Wiley，1972.

［146］Braun R D，Wright H S，Croom M A，et al. Design of the ARES Mars Airplane and Mission Architecture［J］. Journal of Spacecraft & Rockets. 2006，43（5）：1026-1034.

［147］Noth A，Bouabdallah S，Michaud S，et al. Sky-Sailor design of an autonomous solar powered Martian airplane［C］// In Proceedings of the 8th ESA Workshop on Advanced Space Technologies for Robotics，Noordwick，The Netherlands：2004，11.

［148］Khalil H K. Nonlinear Systems（Third Edition）［M］. NJ：Upper Saddle River，Prentice-Hall，2002.

［149］库兹涅佐夫. 应用分支理论基础［M］. 金成桦，译. 北京：科学出版社，2018.

［150］Colonius F. Optimal periodic control［M］. London：Springer-Verlag，1988.

［151］Zaslavski A J. Turnpike Phenomenon and Infinite Horizon Optimal Control［M］. New York：Springer International Publishing，2014.

［152］Betts J T. Practical methods for optimal control and estimation using nonlinear programming ［M］. Paris：Society for Industrial and Applied Mathematics，2010.

图 1.12　在信天翁的背部安装了航迹追踪的 GPS

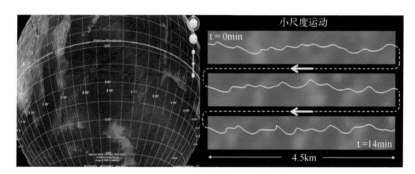

图 1.13　GPS 追踪到的信天翁飞行轨迹[61]

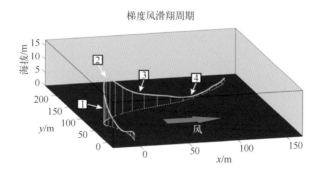

图 1.14　信天翁一个滑翔周期内的飞行航迹图[61]

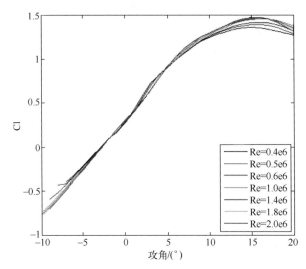

图 1.24　升力系数与攻角之间的关系图

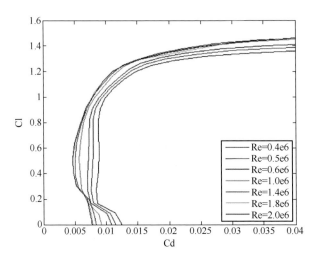

图 1.25　升力系数与阻力系数之间的关系

图 1.33　梯度风动态滑翔实验所用的遥控无人飞行器

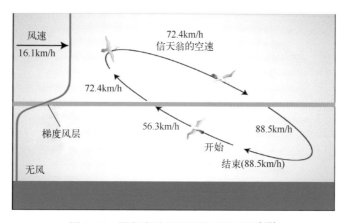

图 1.34　滑翔实验的飞行航迹示意图[122]

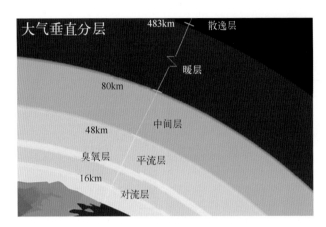

图 2.1　大气层随海拔高度的分布

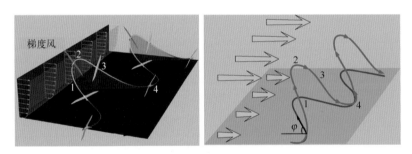

图 3.3　信天翁在海面进行梯度风动态滑翔的航迹图